你好，甜品！

BONJOUR, PÂTISSERIE!

杜超晶　刘甜恬　著

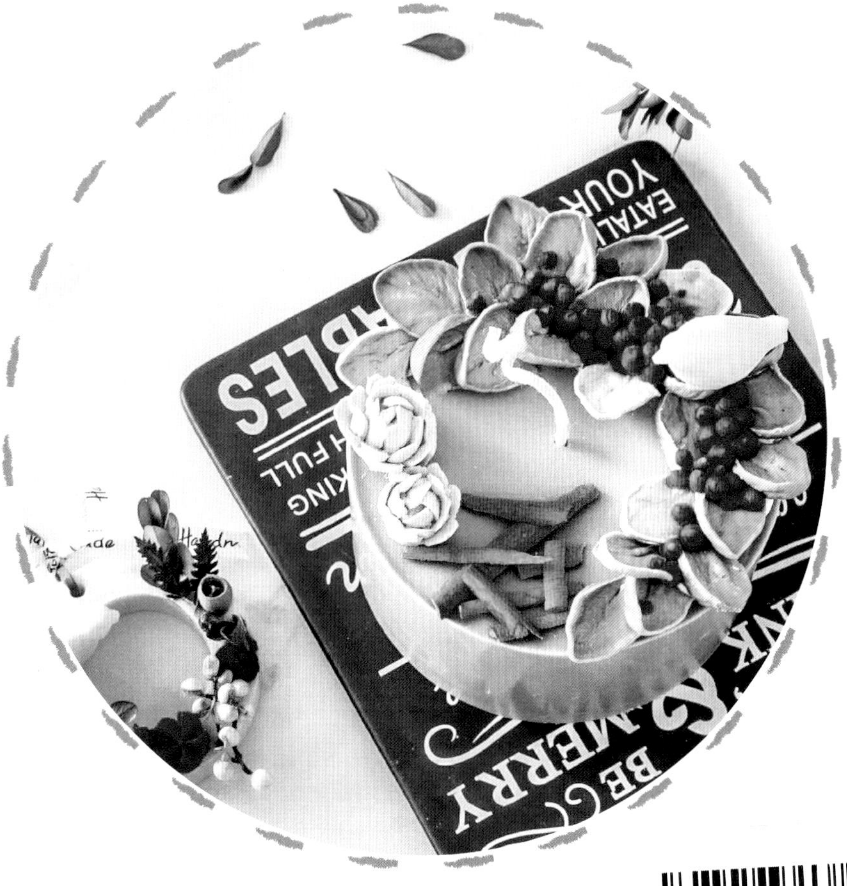

中国·武汉

图书在版编目（CIP）数据

你好，甜品！ / 杜超晶，刘甜恬著 . -- 武汉 ：华中科技大学出版社，2018.4
ISBN 978-7-5680-3615-3

Ⅰ . ①你… Ⅱ . ①杜… ②刘… Ⅲ . ①蛋糕－糕点加工 Ⅳ . ① TS213.2

中国版本图书馆 CIP 数据核字 (2018) 第 001506 号

你好，甜品！
Nihao, tianpin !

杜超晶 刘甜恬 著

策划编辑：沈 柳
责任编辑：沈 柳
书籍设计：刘 婷
责任校对：刘 竣
责任监印：朱 玢
出版发行：华中科技大学出版社（中国·武汉） 电话：(027) 81321913
武汉市东湖新技术开发区华工科技园 邮编：430223
印 刷：武汉市金港彩印有限公司
开 本：710mm×1000mm 1/16
印 张：14.25
字 数：200 千字
版 次：2018 年 4 月第 1 版第 1 次印刷
定 价：68.00 元

糖王周毅推荐序

序言 I

在这里首先要感谢大家愿意听我说说心里话，我很愿意和每一个喜欢甜品、热爱生活的人成为朋友，也非常感谢橘子女士给我这样的机会，能在她的书里和大家见面。

大橘子杜超晶是我最好的朋友，她性格开朗，经常说自己是只吃蚂蚱、喝露水的小仙女。虽然她只吃这些，但是……我喜欢她做的翻糖作品。她的作品让人赏心悦目，我更欣赏她面对人生的态度，不折不挠、不卑不亢，随心所欲，其实这也正是我向往却还没实现的理想。和她一起学习是快乐而开心的，她总能让大家随时兴奋起来。

说到翻糖是什么，它可以是杯子蛋糕、结婚蛋糕、仿真花卉，还可以是卡通人偶，现在大概想想，翻糖玩的其实是一种人生态度，一种理想世界，一种情怀。

杯子蛋糕，小小的杯中可以调和出千变万化的滋味，牛奶、面粉、鸡蛋混合后加入各种食材，炉火慢烤，甜美的味道便充斥整个世界。人生也一样，你要什么样的人生，只要你好好地去调制，人生只此一次，为何不调配你的想法，付诸实践，让它变得甜美而芬芳呢？

仿真花卉，每一朵都是纯手工制作而成，你有多用心，花儿就有多娇艳，含苞待放的、全力绽放的、唯美清新的、复古大方的，只在于你如何选择你的方式。

翻糖人偶，小小的生命在手中诞生，性格迥异，或正或邪，或嬉笑怒骂、行为乖张，或风轻云淡、文雅恬静，制作时就好像自己也随着它们的性格起伏跌宕。小小的生命蕴含着无数的心血，人物比例学、肌肉骨骼解剖、人物表情捕捉刻画、美容美发、服装设计彩绘与剪裁、首饰设计与制作上色、珠宝镶嵌，仿佛自己的生命已穿越古今。

甜品，其实就是一种生活态度，翻糖就是一种情怀体现。我从二十出头入行，十几年间做了很多作品。许多人问我："我怎样才能达到和你一样的水平呢？"水平是日积月累练习而来的，熟能生巧。有无基础不重要，学了制作技巧后，专注练习，总会做出你想要的样子。现在开始翻开这本书，邂逅甜品。

序言Ⅱ

Peggy 老师

推荐序

“你好，甜品！”－看到这个名字，我想到了美味的蛋糕。

这本书的内容非常丰富，有流行甜品烘焙及翻糖蛋糕装饰不可或缺的基本知识、糖花及人偶的制作技巧。作者们都曾经跟随多位国内外名师学习，他们将学到的技术，无私地在这里分享给大家。

作者们都是经验丰富的老师，所以在编写这本书的时候，她们都很了解学生的需要，将学生的问题，分别用文字及图片清楚地表达出来，务求让读者看完后能够学到、做到。

如果您是一个热爱烘焙、热爱蛋糕装饰的人，这本书应该很适合您！

Peggy Wong

黄品仙

香港花语堂创办人

英国pme资深全球导师

作者简介

杜超晶（橘子）

1984 年生，英国 pme 全球导师，英国认证教室唐 · 橘子 (Tang – Cakes) 创始人。神经质吃货，刚开始接触翻糖这行十分偶然。因为我爱吃，爱吃一切漂亮的美食，享受甜品带给我的味蕾上的甜蜜。当我第一次在英国看到翻糖蛋糕的时候，就不能自拔地爱上了它。原来真的可以有一种甜品会让人在视觉和味觉上都如此满足。于是我开始了甜品求学路，一个未知世界的大门对我这个神经质的姑娘敞开了。在两年多的学习中，我拜访了全世界众多业内的名师；两年后，我创建了自己的甜品教室——唐 · 橘子。在 5 年的教学中，我的学生有远从加拿大、意大利赶来的，有几十岁的阿姨、十几岁的男生……翻糖就是如此有魅力，可以不分国界、不分年龄、不分性别，让你疯狂地为它着迷。很庆幸在我的生活中，可以天天有一群志同道合的小伙伴和我挚爱的甜品陪伴我。能把教大家制作美味、高颜值的甜品当成自己的事业，我连做梦都是甜的。其实我一直觉得，人生就要认真做点事情，这样至少对得起岁月光阴。无论你从什么年龄开始，趁现在，都不晚。

刘甜恬（Tatianna Lau）

早几年我在美国留学的时候，第一次在一家店里吃到了红丝绒蛋糕，当时就被蛋糕的色泽、口感惊艳了！怎么会有这么美味的蛋糕？从此我开始了对甜品的痴迷，并且一发不可收。为了甜品，我可以寻遍世界名师；为了甜品，我可以彻夜不睡，只为做出一款让自己满意的作品。因为甜品，我寻觅到了人生中最好的事业，一件让我欲罢不能的事情；因为甜品，我遇到了人生中的挚友，一位有情有义、同样热爱甜品的橘子姐；因为甜品，我邂逅了此生中的挚爱，一个让我敬佩的男神；因为甜品，我找回了曾经丢失的自己，也让我更坚定了要在甜品这条路上一直走下去。因为橘子姐，我有缘在此书中与各位相见，我想说：“你好，甜品！”

目 录

翻糖篇

第一章 糖花类

CONTENTS

烘焙篇

CONTENTS

YOUR
BE MERRY

翻糖篇

翻糖一词音译自Fondant，它是指一种工艺性极强的蛋糕装饰手法。它起源于英国。翻糖蛋糕以翻糖为主要材料，代替奶油覆盖在蛋糕胚上，我们一般称之为糖皮包面；再装饰上干佩斯（Gum Paste）制作而成的糖花、卡通或仿真人偶，做出来的蛋糕如同艺术品一般华丽、精致。翻糖由于具有极强的延展性和可塑性，可以很轻松地将精致细节完美地展现出来。翻糖蛋糕的造型极具艺术性，充分地将味觉和视觉结合在一起。翻糖蛋糕凭借着它华丽的外观、别具一格的造型元素以及甜品本该具有的美味，已经成为当代蛋糕的主流，被广泛地应用在人们的重大节日庆典里。你的婚礼、生日、纪念日也可以用一款华丽的翻糖蛋糕来助兴。现在就跟着我们一起动手做起来吧！

第一章
糖花类

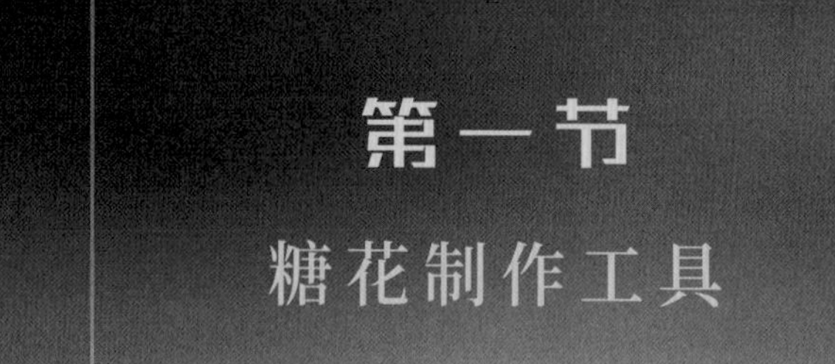

第一节

糖花制作工具

花茎板（花卉造型板）

其主要功能为制作花茎、擀薄糖花专用干佩斯，使你的糖花更加自然生动。

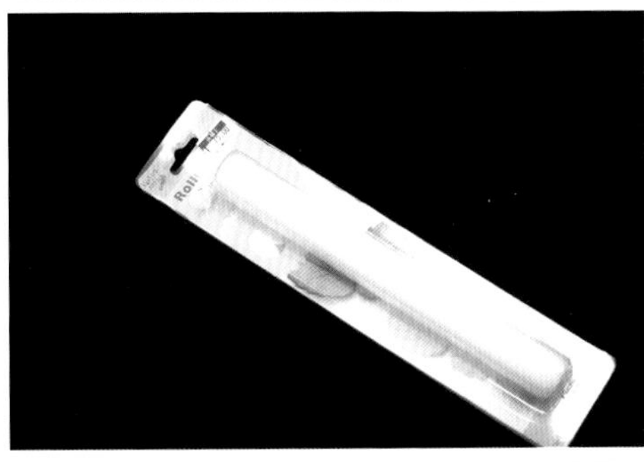

防粘擀面杖

擀薄干佩斯必需品，尼龙材质的最佳。

胶带裁剪器

许多糖花都是由多根铁丝连接的花瓣组成，需要靠胶带包裹组装成型。太宽的胶带制作出来的花梗过粗，不够真实美观，胶带切割器可以把一根粗的胶带切割为两根较细的胶带，细胶带包裹的花梗更加自然。

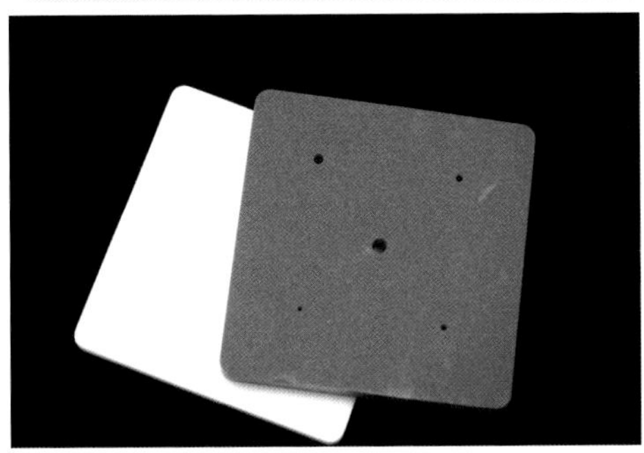

墨西哥泡沫垫／糖花泡沫垫

用来制作糖花的必备工具。蓝色有孔的为墨西哥泡沫垫，可以制作墨西哥帽式花朵及萼片；白色的为糖花泡沫垫，可以用来给花瓣塑形等。

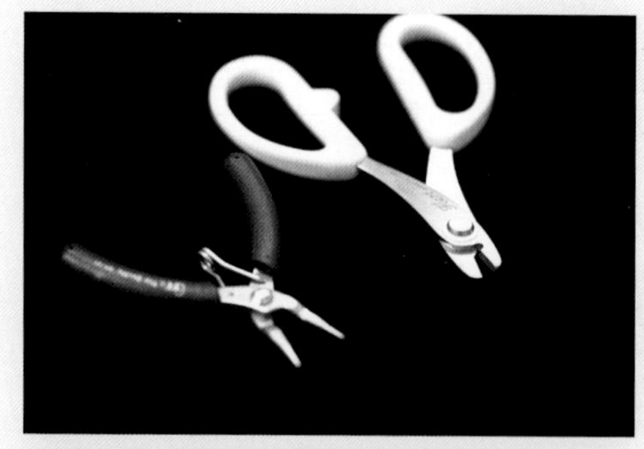

铁丝剪刀、钳子

把支撑糖花所需要的铁丝剪成合适的长度且不留毛边。

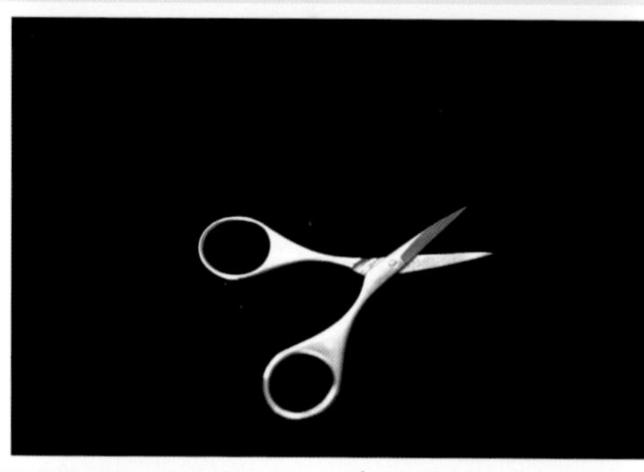

糖花剪刀

糖花造型使用。

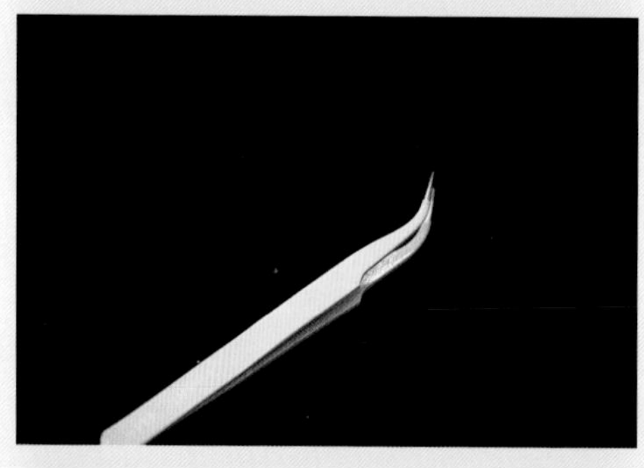

平口镊子

帮助完成制作过程中的细小动作，比如花蕊造型，也可用于将花蕊插入花朵中。

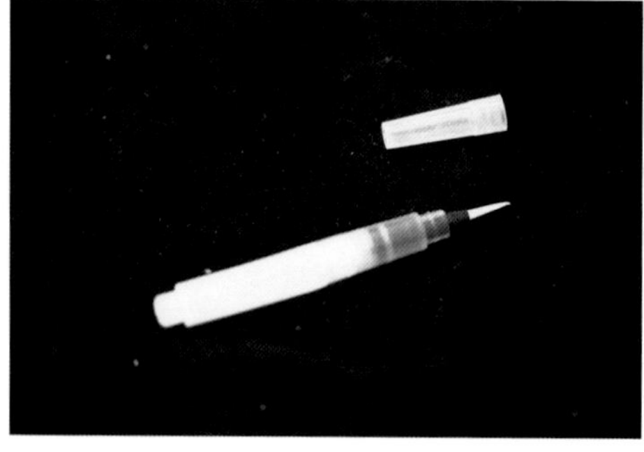

胶水刷

细头不掉毛的毛笔均可使用。

糖花专用铁丝

在糖花制作过程中，2 号和 26 号铁丝最为常用，建议大家最好选择纸包铁丝。

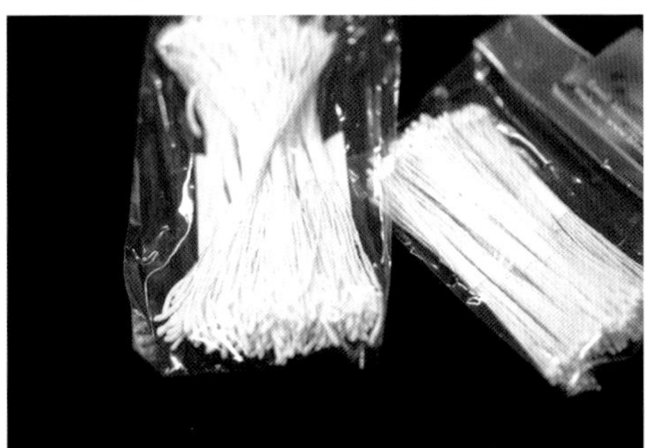

糖花专用花蕊

不可食用材质，款式可以根据所制作的花形选择。

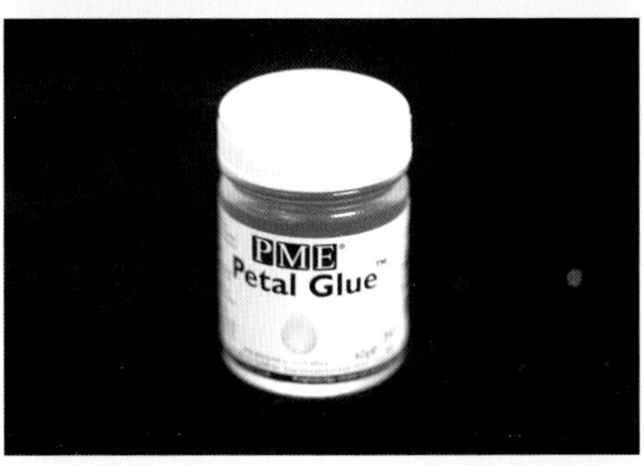

食用糖花胶水

可食用的翻糖黏合剂，制作糖花、人偶时必不可少。当然你也可以自己制作食用胶水，1/4 勺 CMC 粉加 50ml 纯净水，静置一晚上就可以使用了。

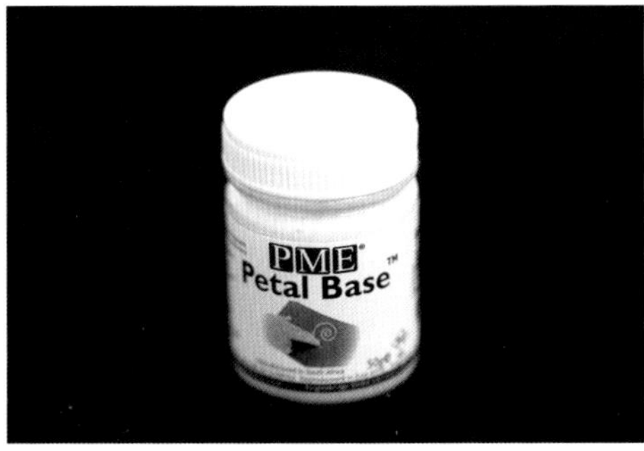

白油

用于涂抹在手上或花茎板上，防止干佩斯粘手。

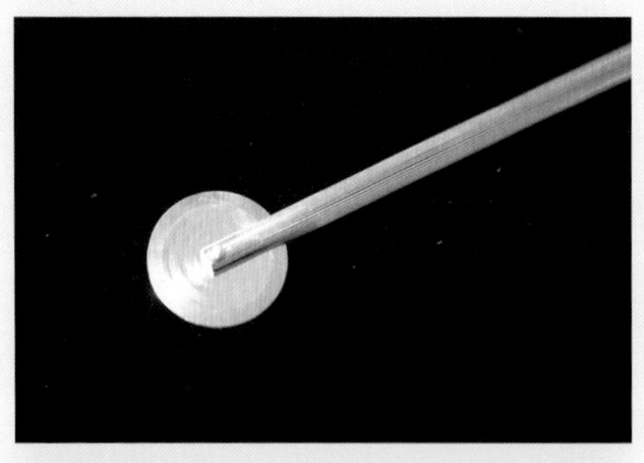

滚轮切刀

方便切割干佩斯。用这款刀具切直线和弧线都十分得心应手。当然你也可以用于各种纹理的刻画。

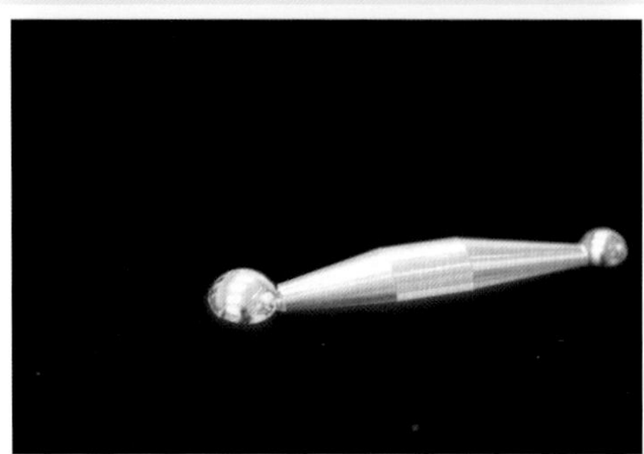

双头金属球棒

有各种规格，用于花瓣及叶片的造型。使用时，将花瓣或叶片置于墨西哥泡沫垫上，用球棒轻压花瓣或叶片的边缘，可制作出较薄的花瓣或叶片。

美工刀

较为锋利的刀片，可以用于干佩斯所有需要切割的环节。它是制作有弧度花瓣的必备利器。

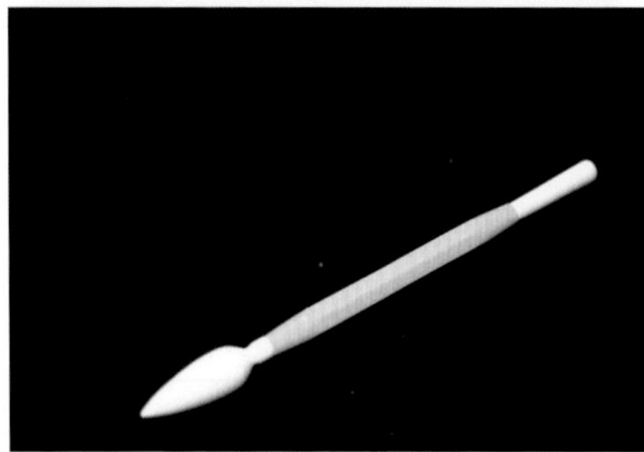

糖花塑形棒

糖花塑形时使用。

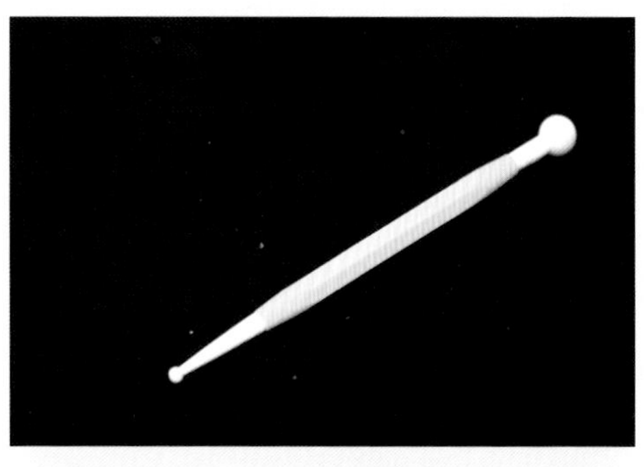

球棒

和金属球棒的作用相同，只是此款球棒有更小的球形棒头，更适合小型花瓣的塑形。

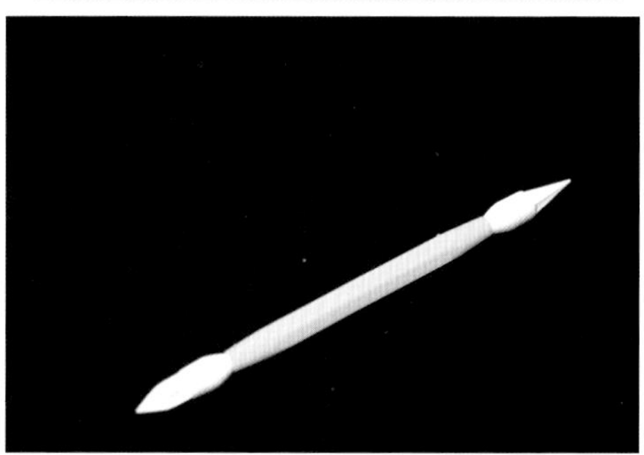

5/6 边星形锥

利用该工具的脊状凸起部分制作糖花时，可以均匀地制作出五瓣或六瓣花瓣。

糖花／叶片塑形棒

扁头可以塑造出更为自然的花瓣及叶片上的波浪状，也可用于叶片边缘，制作出轻微锯齿状；尖头可刻画纹理，甚至可以当小切刀使用。

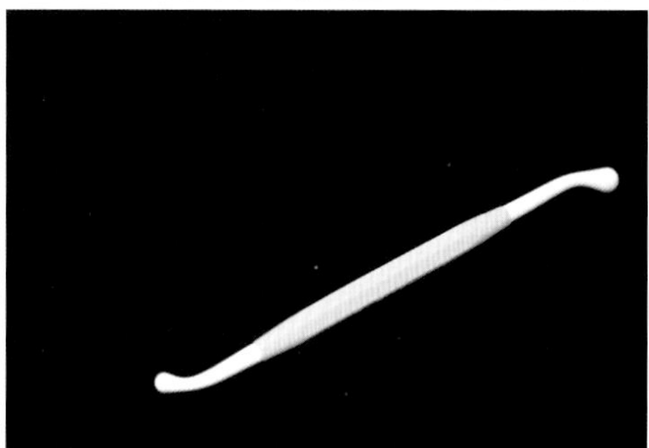

骨棒 / 双头 U 形球棒

工具顶端呈弯钩状，用于花朵褶皱的造型，配合墨西哥泡沫垫可以制作出漂亮自然的花瓣。

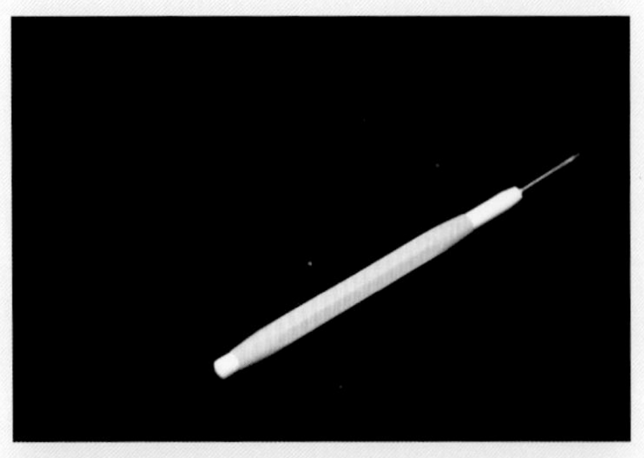

针棒

擀薄干佩斯的过程中出现小气泡的话，可用此针挑破气泡，使干佩斯保持平整。制作糖霜饼干时，也可以用此针使糖霜变得均匀。

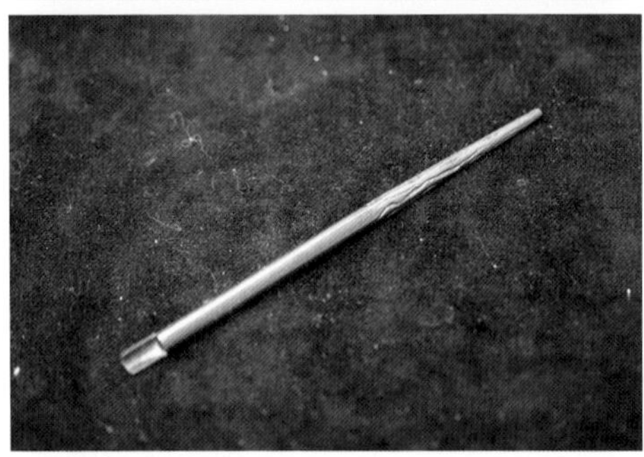

纹理棒

制作花瓣和叶片的纹理的工具。

万用白棒

糖花造型中细节部分专用的擀面杖。可以擀薄干佩斯，制作花茎、纹理，尖头一端还是理想的花朵中心的掏孔工具。分为大、中、小三个尺寸。

花托

用于将制作好的糖花插在蛋糕上，通常我们制作的糖花都有铁丝和纸胶带，铁丝等直接接触蛋糕会滋生细菌。为了避免铁丝等连接物直接接触蛋糕，我们可以先将糖花插在花托中，再将花托插入蛋糕内。这样做即美观又卫生。

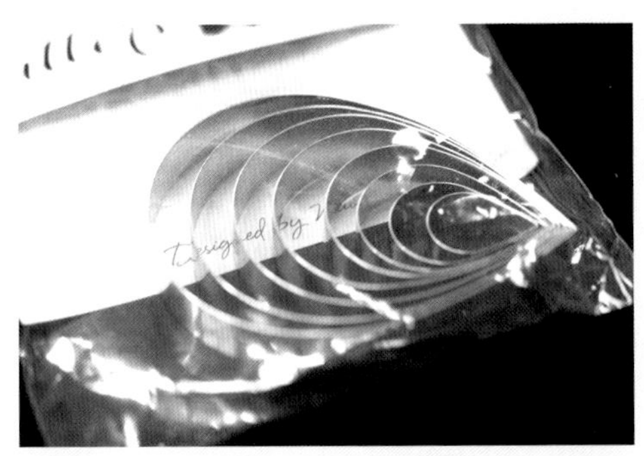

糖花钢制切模

不同花型有不同的切模，在糖花制作过程中，切模最为重要。

糖花塑料切模

用法同糖花钢制切模。

糖花花瓣纹理压模

材质一般为食品级硅胶，制作高仿真花瓣必备。

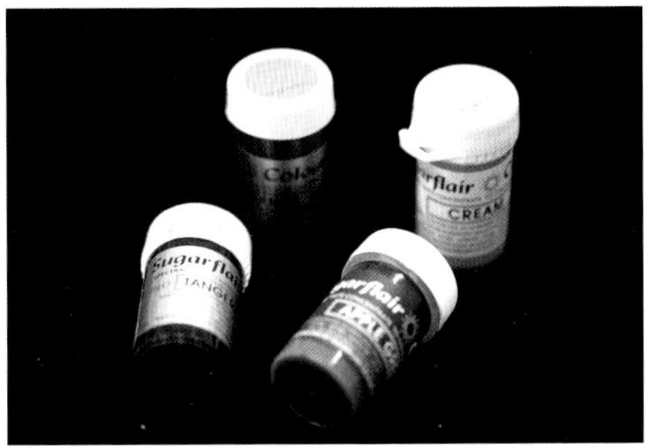

天然可食用翻糖色膏

干佩斯上色材料。食用色素分为膏状和液态两种，在干佩斯染色上，建议大家选择膏状，膏状不易破坏干佩斯本身的特性，不会造成干佩斯软化的现象。

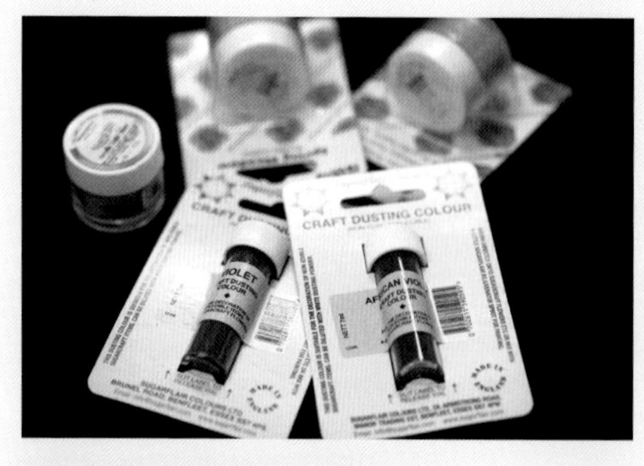

可食用色粉

主要分为粉状和压缩块状两种形态。糖花制作完成后，用色粉润色会让整个糖花更自然逼真。

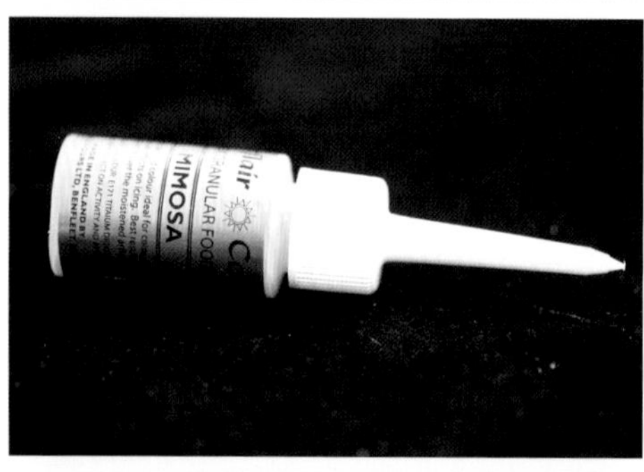

花蕊专用色粉

颗粒状色粉，可以制作更为逼真的花蕊。

食用色素笔

刻画糖花细节，如斑点、线条。

翻糖专用光亮剂

配合喷枪使用，可以使制作出来的叶片有水润的质感，更加真实。此款分为无色光亮的和有金色、银色等金属质感的。

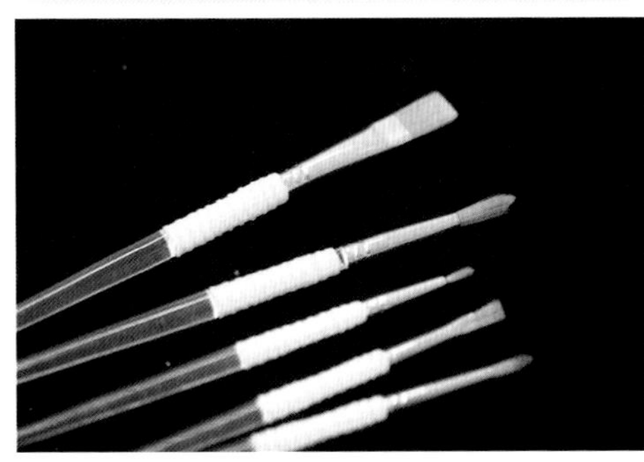

色粉刷

为了使糖花更像真实的花朵，我们会在糖花制作完成时刷上不同颜色的色粉，让整个糖花更为逼真。

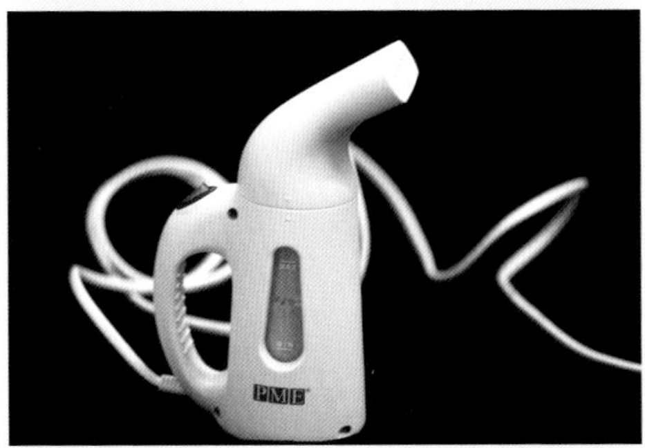

翻糖专用蒸汽晕染机

用蒸汽机在糖花上轻喷一层水雾，让色粉的色彩晕染开，花朵的过渡色会更加自然，色彩也会更加真实。

玉米淀粉袋

可以用纱布缝制小口袋，填充玉米淀粉，主要作用是防止糖花花瓣在制作过程中粘在花茎板上。

晾花架

需组装后打开使用。为了让糖花更加自然，制作完成后需要倒挂塑形，直至晾干花瓣。

珍珠棉插花板

花朵的成品／半成品可以插在珍珠棉插花板上，防止未完全晾干成型的糖花由于摆放不当而变形。

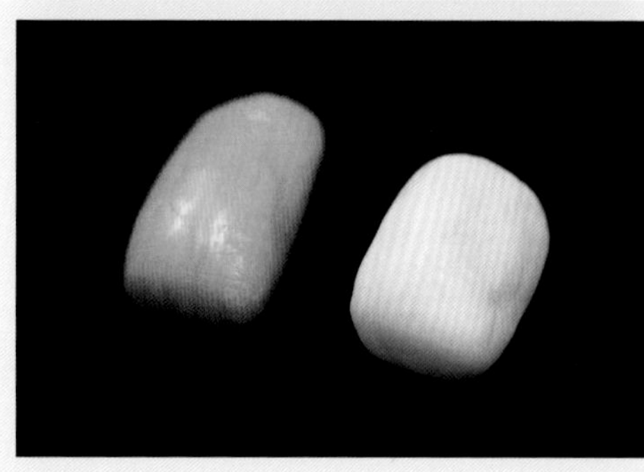

糖花专用干佩斯

制作糖花的主要原料，糖花专用干佩斯由糖粉及鱼胶粉制作而成，成品具有易擀薄、不粘手、速干、易定型的特性。使用时注意随时密封保存。当然，你也可以选择成品花卉干佩斯。

第二节

糖花制作方法
及上色技巧

马蹄莲

1 准备工具：马蹄莲切模、骨棒／球棒、糖花泡沫垫、2号糖花专用铁丝、糖花胶带。

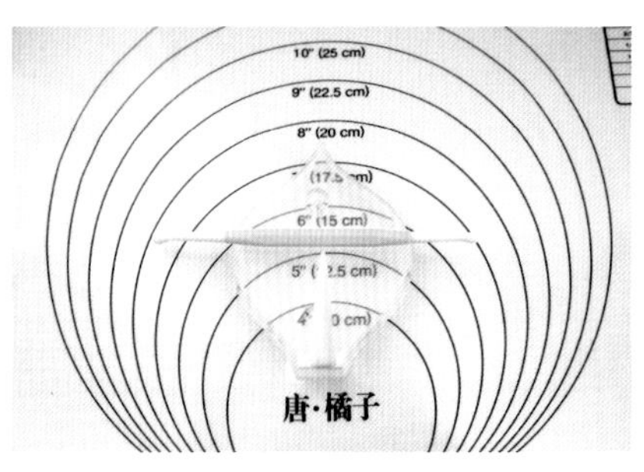

2 制作花心，将糖花专用干佩斯搓成长水滴状，长度约为切模长度的一半。

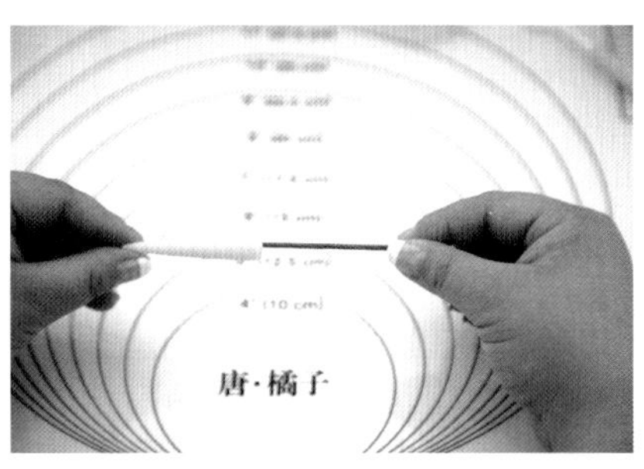

3 将2号糖花专用铁丝插入花心中，收口。

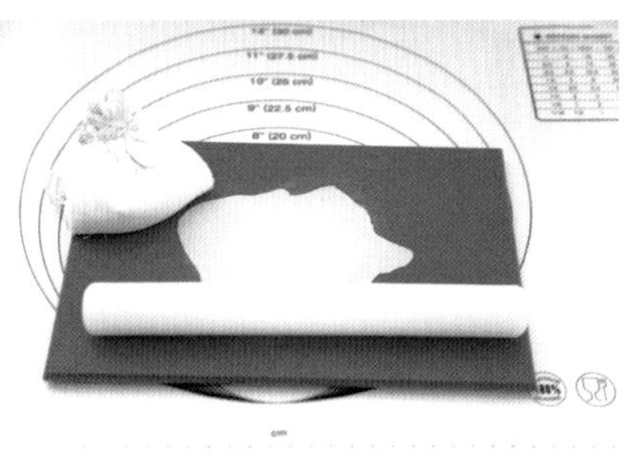

4 取少量干佩斯擀薄。

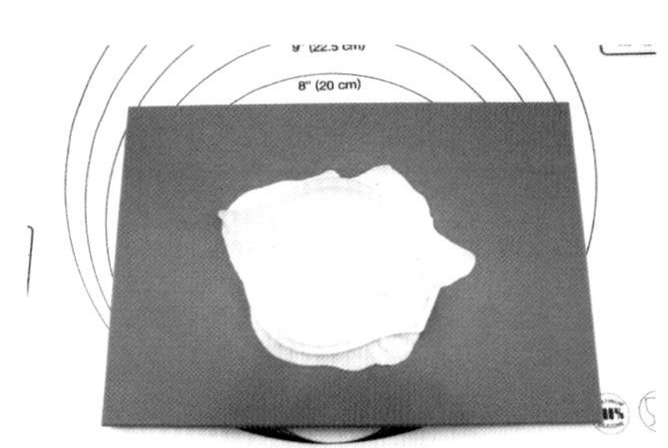

5 用切模切出马蹄莲花瓣的形状。注意不要有毛边。

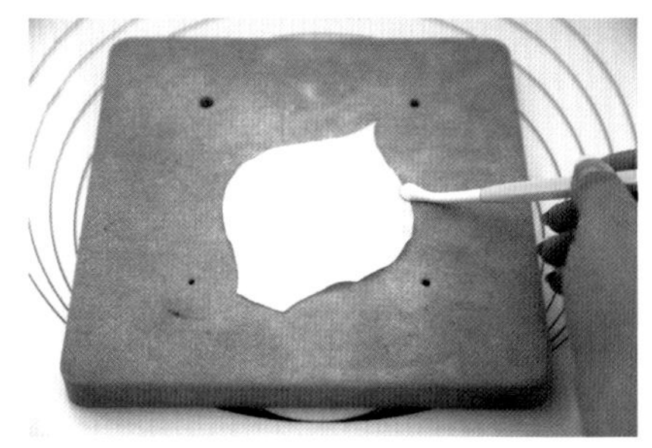

6 用骨棒擀薄花边，不要出现过密的波浪。

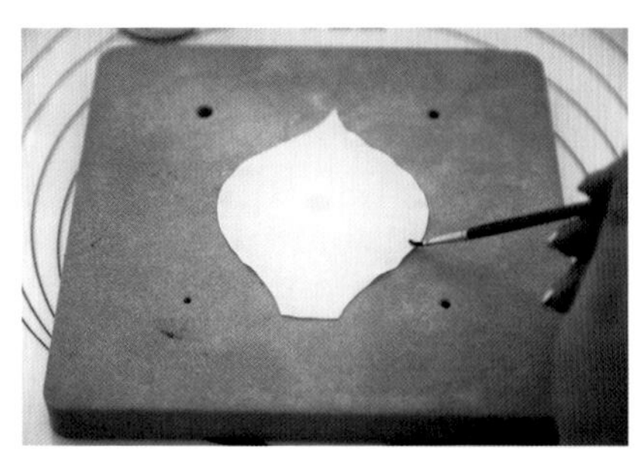

7 在花瓣的中下部呈 V 形涂抹少量糖花胶水。

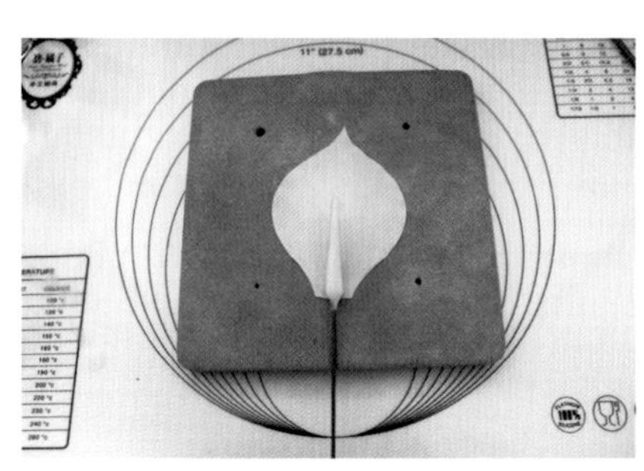

8 花心居中摆放。

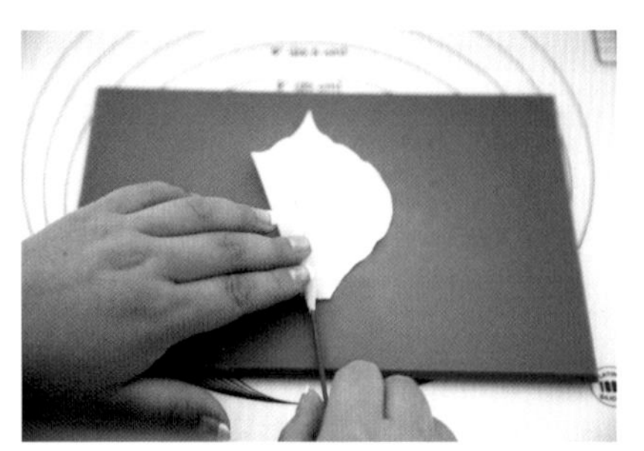

9 将花瓣涂抹了糖花胶水的左侧面贴于花心上。

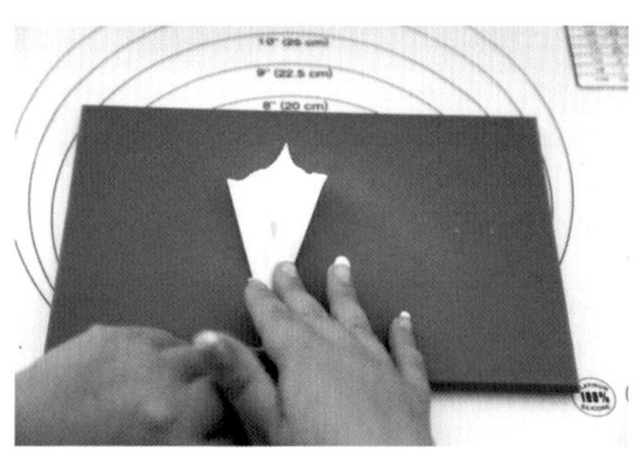

10 同理，右侧面也如上一步进行操作。

11 用牙签将花瓣边缘卷出弧度。

12 用手指给花瓣顶端塑形，使花朵更加自然。

13 成品雏形完成。

14 取黄色色粉，在花心内根部从下往上刷，形成下深上浅的自然效果。

15 取黄色色粉，轻轻扫到花朵边缘上。

16 在花朵外根部刷上黄色色粉。

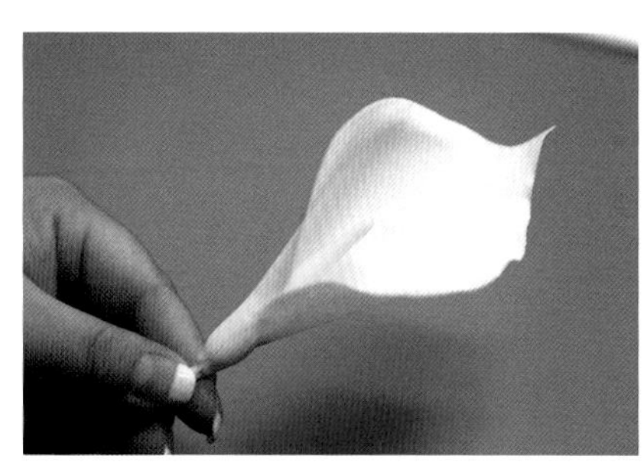

17 制作完成的马蹄莲。

牡丹

Tips：制作牡丹时，为了使花瓣更自然，在制作过程中使用了纹理棒。制作花瓣时一定要注意每片花瓣的弧度，弧度太大的话会影响整体的组装。

组装时每片花瓣都要紧贴于铁丝根部。

1 制作牡丹花心。将日本仿真牡丹花蕊成品分成 3 撮，一小把 26 号糖花专用铁丝备用。

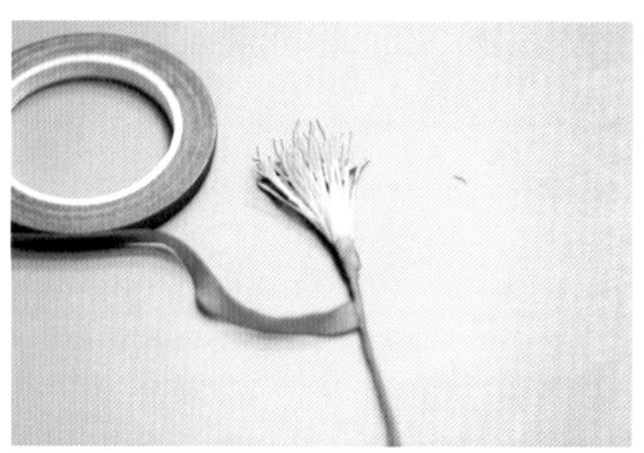

2 将花蕊对折，然后把铁丝对折后钩住花蕊的中间位置，用糖花胶带缠紧。

3 用相同的方法制作 3 组雄蕊。

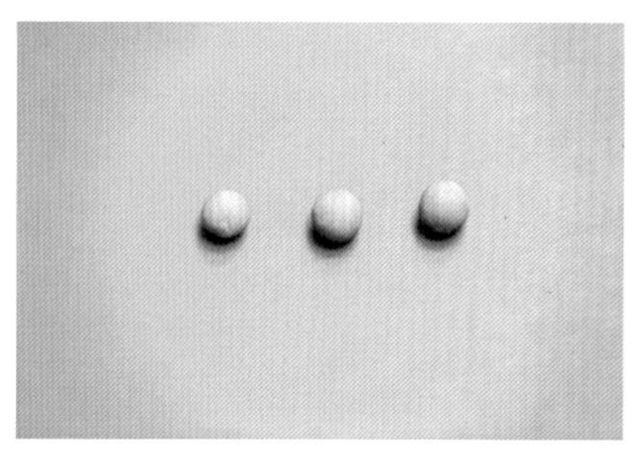

4 把绿色糖花专用干佩斯分成 3 小块，用于制作雌蕊。

5 搓成逗号状，从底部插入 26 号糖花专用铁丝并收口。

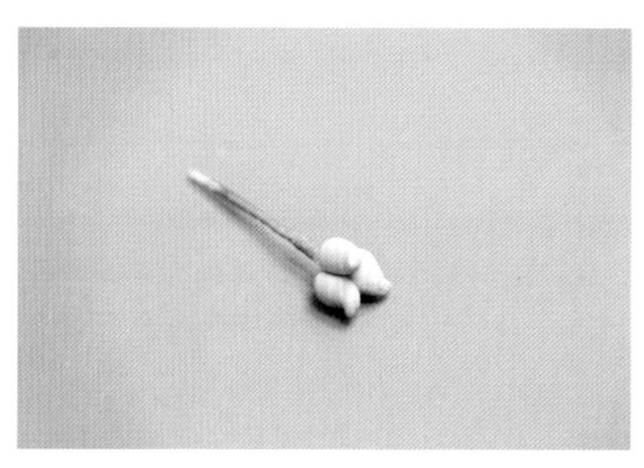

6 将 3 组绿色雌蕊用糖花胶带缠紧。

7 将3组黄色雄蕊用糖花胶带固定在绿色雌蕊外围。

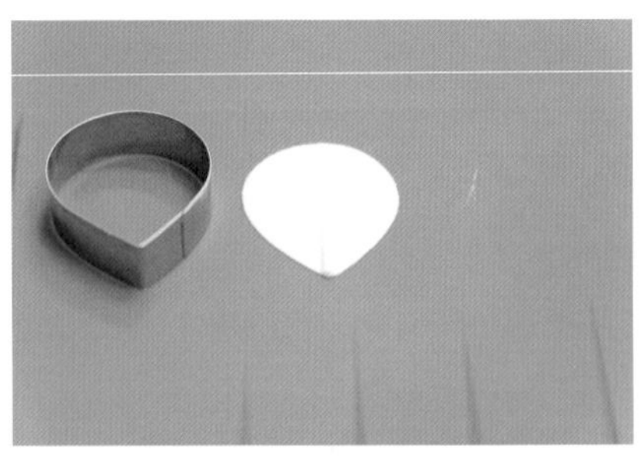

8 制作牡丹需要水滴形糖花钢制切模4-6号。将糖花专用干佩斯用花茎板擀薄，用4号水滴形糖花钢制切模切出花瓣形状，总计5片。

9 在花瓣的脊背处穿入26号糖花专用铁丝，铁丝穿到花瓣脊背的2/3的位置后，用纹理棒斜向来回擀制。

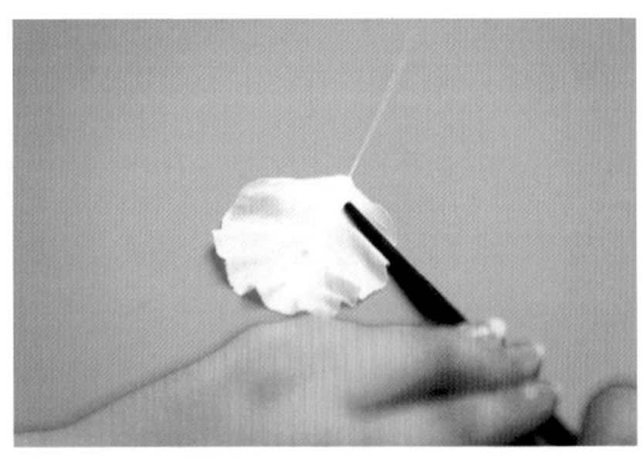

10 避开铁丝，花瓣全部用纹理棒擀出纹理及波浪边。

11 将花瓣顶部搭在食指侧面，用纹理棒擀制出自然的花瓣弧度。

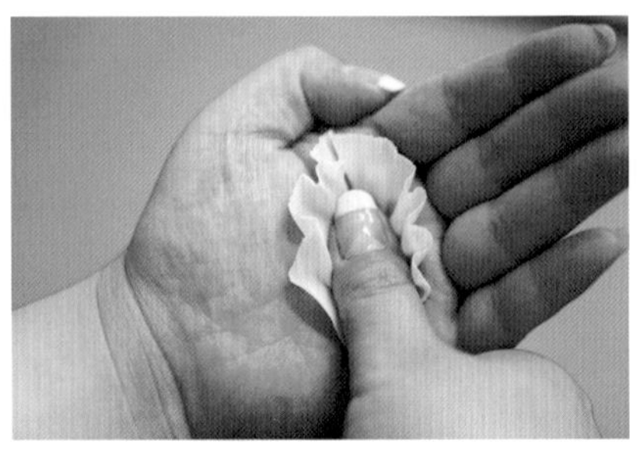

12 左手弯曲，让手心形成弧度，将花瓣置于手心中，用右手大拇指轻摁。

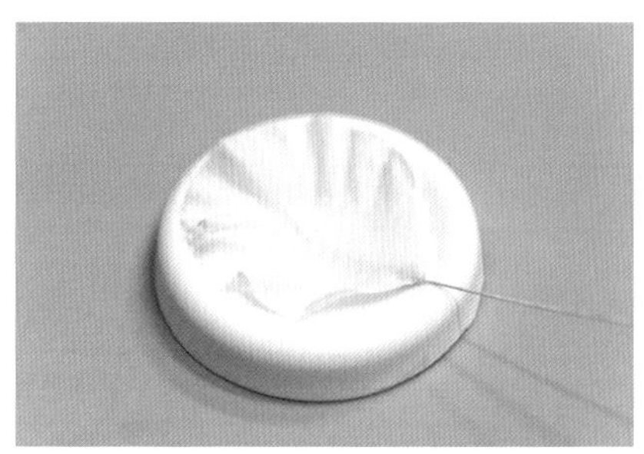

13 将花瓣放于晾花架上晾干备用。依照上述方法依次制作4号花瓣5片、5号花瓣12片、6号花瓣10片。

14 在花瓣靠近根部的1/3部分刷色粉，根部位置略深。

15 在花瓣的边缘位置轻扫色粉。

16 全部花瓣上好色后备用。

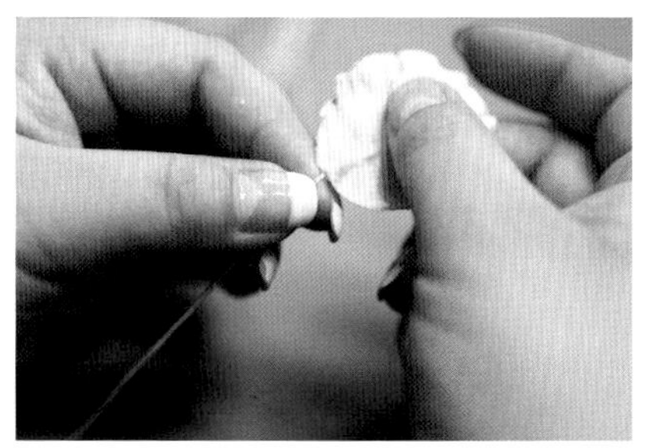

17 将花瓣在铁丝顶端向外弯折。

18 将5片4号花瓣围绕花蕊组装成一圈，用糖花胶带固定。

19 5 片 4 号花瓣组装完成后的半成品。

20 将 12 片 5 号花瓣从根部向外弯折。

21 先将 12 片 5 号花瓣组装，再将 10 片 6 号花瓣组装到糖花上。

22 组装完成后的整个牡丹的侧面效果。

23 牡丹正面效果。组装时，务必注意要一直保持牡丹的花形为圆形。

24 用花茎板制作牡丹叶片，晾干后刷色粉。

25 在叶片的正面及背面刷绿色色粉。

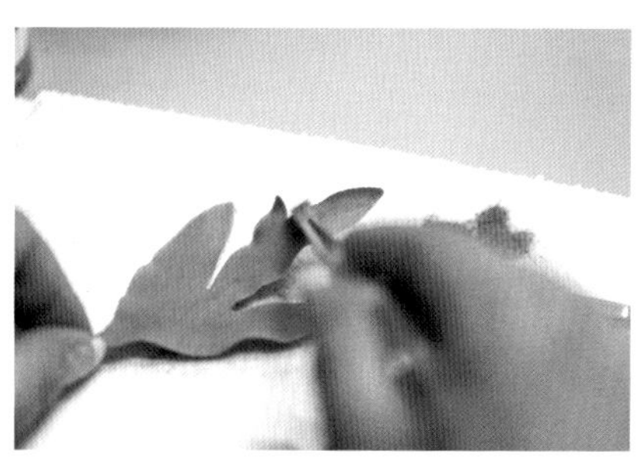

26 在花瓣边缘选择几个点刷红色色粉，形成仿旧效果。

27 将牡丹叶片用糖花胶带固定，一朵漂亮的牡丹就此完成。

毛茛

Tips：毛茛的自然状态是一层层花瓣向内包扣，所以在制作此花的时候，只要确保每片花瓣都是内扣的状态，你的糖花毛茛就一定会很自然漂亮。

1 准备工具：糖花泡沫垫、水滴形糖花钢制切模 1—4 号、糖花花瓣纹理压模、球棒、平口镊子、2 号糖花专用铁丝。

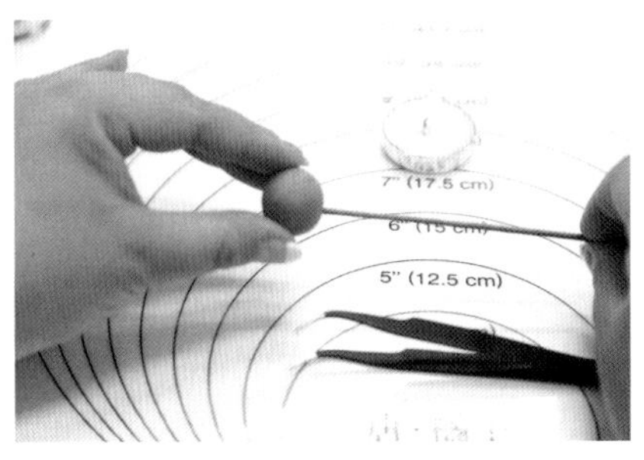

2 将铁丝一头做成弯钩状，插入搓成圆球状的花心干佩斯中。花心直径为 1.5 － 2cm。

3 用镊子在花心顶部夹出长方形。

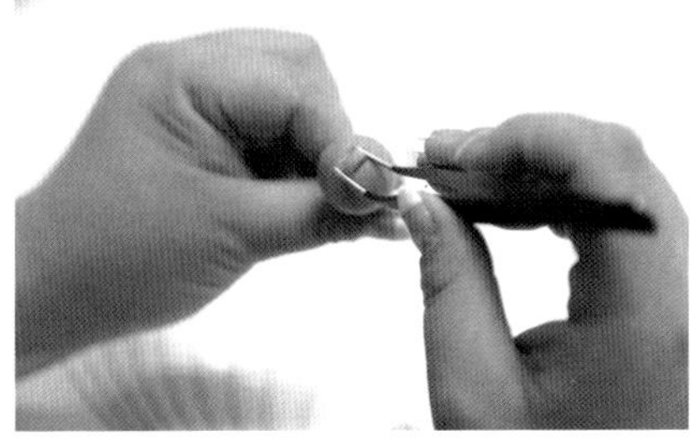

4 注意该长方形位于花心正中。

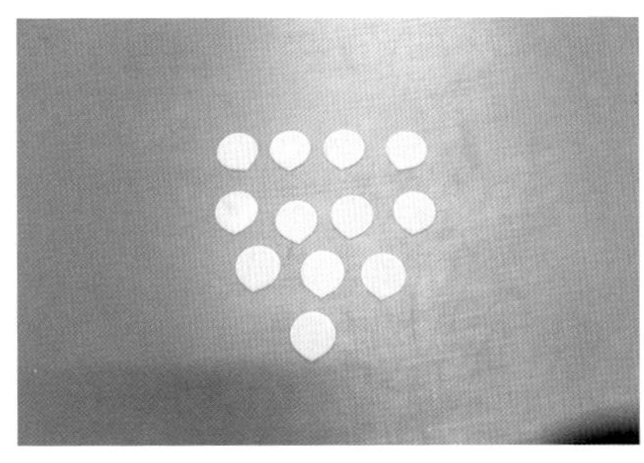

5 将糖花专用干佩斯擀薄，用 1 号切模切出 12 片花瓣。

6 用纹理压模压出花瓣的纹理。

7 用球棒擀薄花瓣边缘。

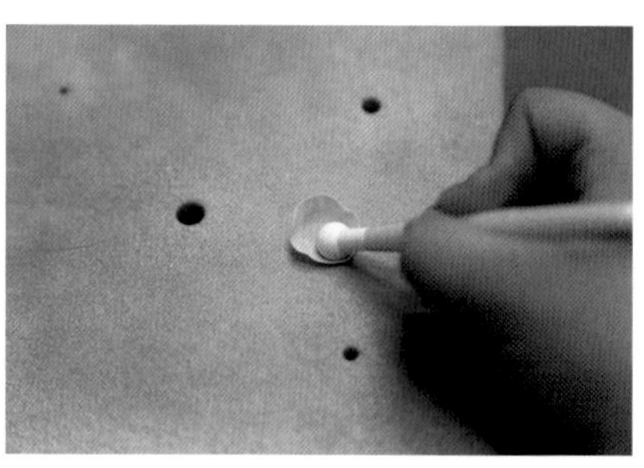

8 用球棒在花瓣边缘来回擀制，制造出花瓣内扣的状态。

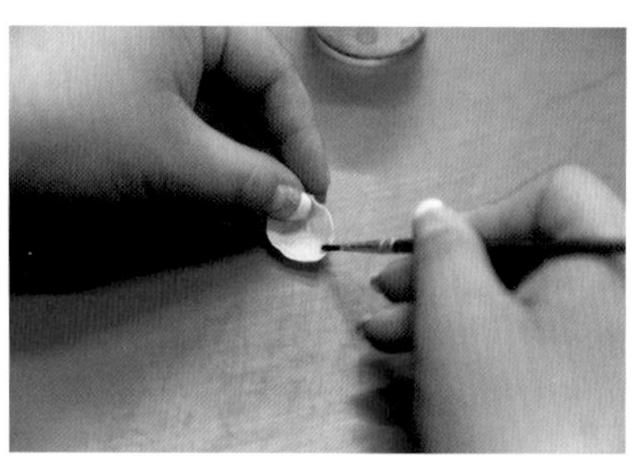

9 在花瓣根部呈 V 形涂抹糖花胶水。

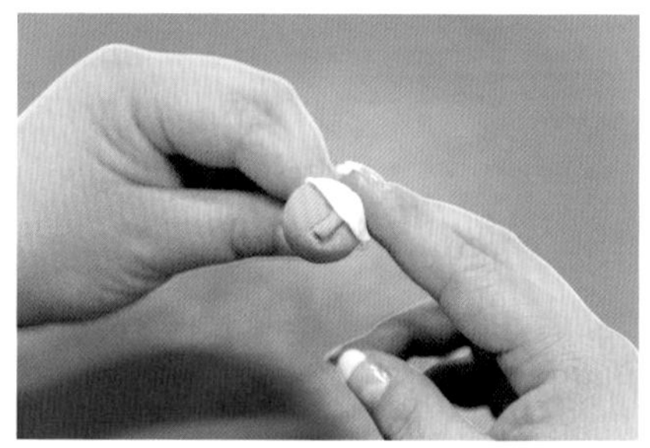

10 将花瓣围绕花心上鼓起的长方形贴于花心上。

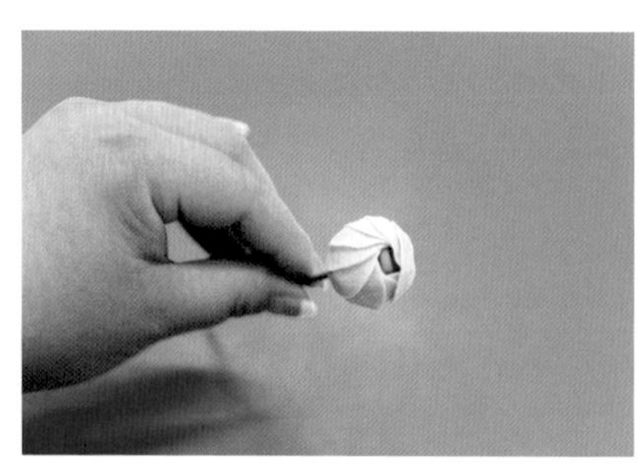

11 将花瓣有疏有密地贴于花心之上。围满一圈后，距上一层向下约一个花边点开始贴第二层花瓣，直至 12 片花瓣全部贴完。

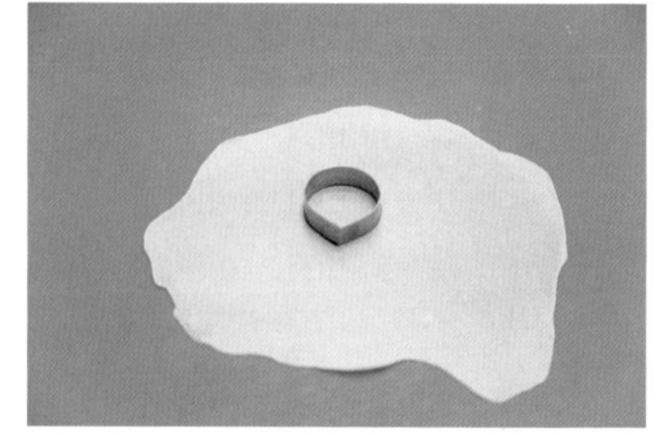

12 用 2 号切模切出 14 片花瓣，压出花瓣纹理，依照 1 号花瓣的做法擀薄花瓣边缘，擀出向内扣的状态。

13 依次将 14 片 2 号花瓣贴于花苞上，贴法同 1 号花瓣。

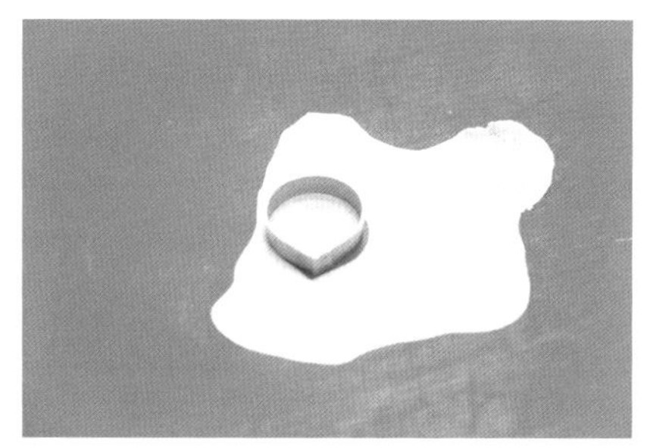

14 用 3 号切模切出 12 片花瓣，压出花瓣纹理，擀薄花瓣边缘，制作出向内扣的状态。

15 将 12 片 3 号花瓣依次贴在花苞上。注意胶水只涂抹花瓣根部的 V 形位置，这样制作出来的花朵才会饱满。

16 用 4 号切模切出 14 片花瓣。

17 同样压出花瓣纹理，擀薄花瓣边缘。

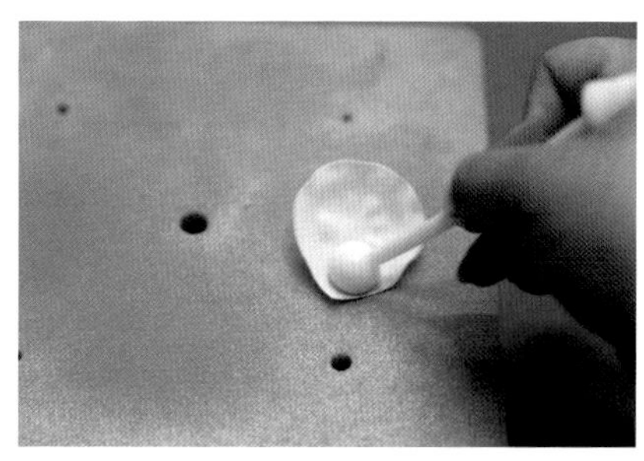

18 用球棒擀花瓣边缘的内侧，制造出内扣的状态。

19 呈 V 形在花瓣底部涂抹糖花胶水，依次贴于花苞上，直至 14 片花瓣全部贴完。

20 在花瓣上刷色粉，靠近花心的部分上色略重。

21 在花朵边缘轻扫色粉。

22 完成后的毛茛。

蓝莓

Tips：给干佩斯上色时，如果需要稀释色素、色粉，一般会选择用高度酒进行稀释，因为酒精挥发快，不会由于融化了干佩斯而影响糖花的塑形效果。

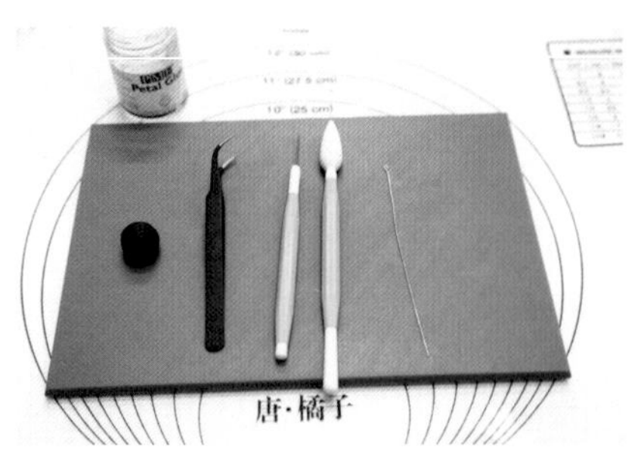

1 准备工具：26 号糖花专用铁丝、糖花塑形棒、针棒、平口镊子。

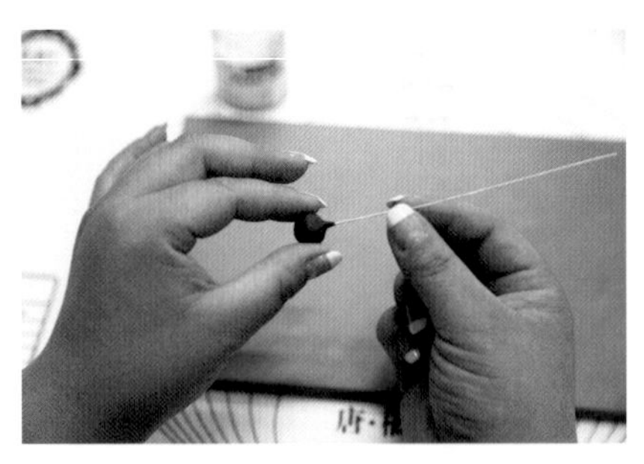

2 将糖花专用干佩斯搓成球形，再把 26 号糖花专用铁丝的顶部弯成钩状，然后涂上少量糖花胶水，插入球形干佩斯内，收口。

3 用镊子在球形干佩斯顶部的中心捏出一个小圆圈。

4 用手将镊子捏起的部分捏薄。

5 在捏起的圆圈内侧，用针棒扎一圈洞眼。

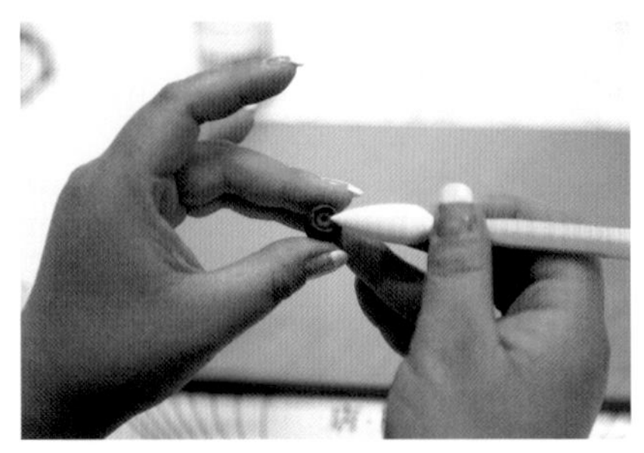

6 用糖花塑形棒在圆圈正中间扎一个洞。

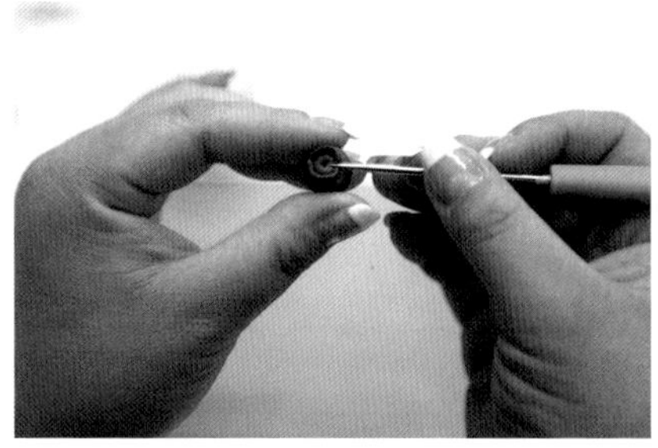

7 在圆圈捏起的部分找三四个点用针棒压平。

8 取深蓝色色粉在做好的蓝莓上刷满。

9 选择两个点，点上深紫色色粉。

10 准备白色色膏／色粉，用高度酒精稀释。

11 将稀释后的白色色膏 / 色粉刷满上好色的蓝莓。

12 将制作好的几颗蓝莓用糖花胶带高低错落地固定。

姑娘果

Tips：在装饰翻糖蛋糕的时候，如果只有花朵会让人感觉很单调，这个时候如果加入一些浆果、树叶等元素，给人的视觉效果将会更加有层次感。记住，善用小配件会让你的翻糖蛋糕更加出色。

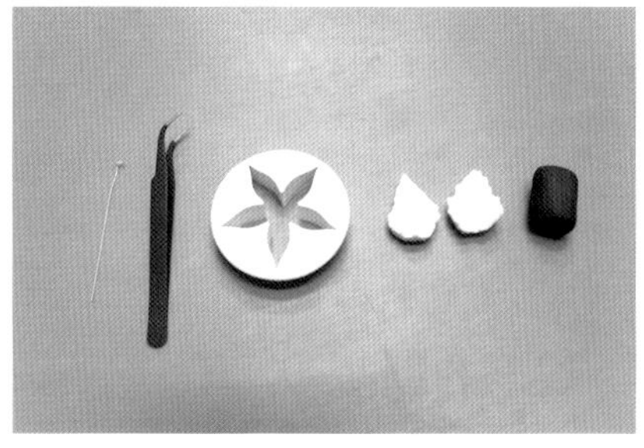

1 准备工具：萼片切模、糖花叶片纹理压模、平口镊子、26号糖花专用铁丝、墨西哥泡沫垫／糖花泡沫垫。

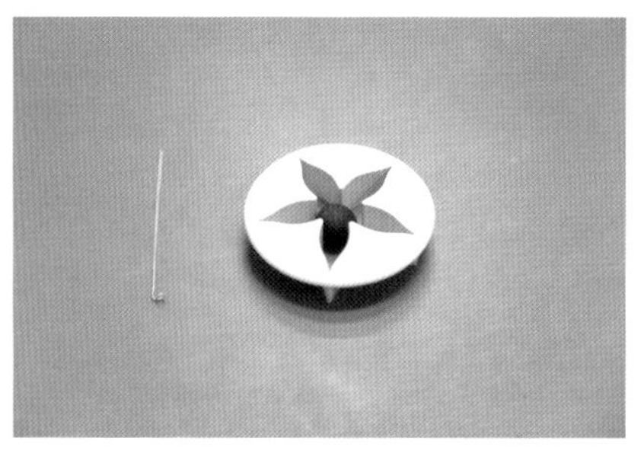

2 把26号糖花专用铁丝的一头弯成圆圈状，将糖花专用干佩斯揉成球形，大小以刚好放入萼片切模正中为佳。

3 在铁丝的圆圈部分涂抹糖花胶水。

4 将铁丝的圆圈部分插入球形干佩斯中，收口。

5 取一块糖花专用干佩斯擀薄，用萼片切模切出叶片的形状。

6 用糖花叶片纹理压模在五角形叶片的每一小片上均压出纹理。

7 在糖花泡沫垫上擀薄叶片边缘。

8 在球形花心上涂抹少量糖花胶水。

9 把铁丝插入叶片正中，叶片纹理的脊状朝外。

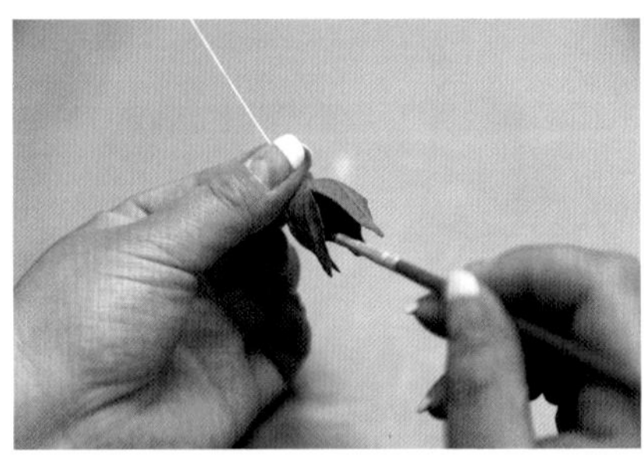

10 在每两片小叶片之间的边缘内侧涂抹糖花胶水。

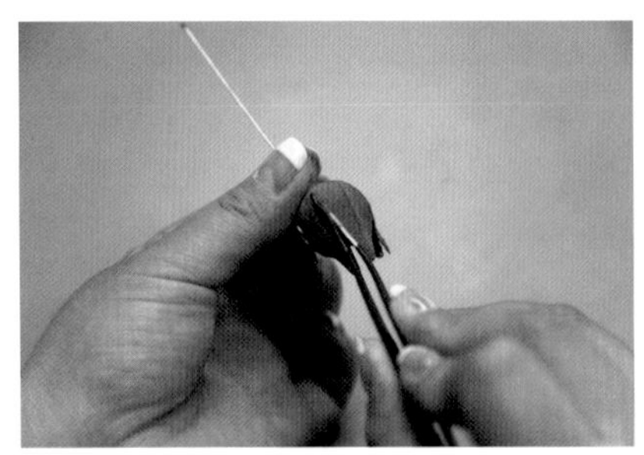

11 用平口镊子将小叶片贴合。

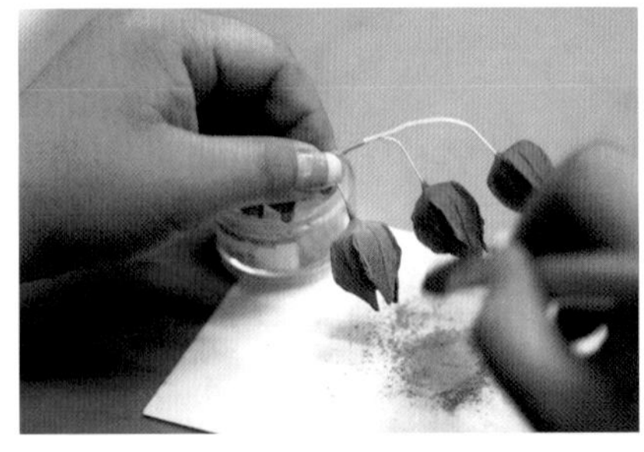

12 将制作完成的姑娘果用糖花胶带固定塑形后，刷色粉，底部色粉颜色略重，其他地方的色粉自然过渡，越来越浅。糖花铁丝上也刷同色色粉。

13 完成的姑娘果，非常适合森系翻糖蛋糕。

快速玫瑰

Tips: 快速玫瑰的制作方法简单，适合装饰在杯子蛋糕上。制作时，一定要注意卷边位置是在花瓣顶端的斜上方，在这个位置卷边不会造成玫瑰花瓣变窄而影响糖花的形态。注意涂抹糖花胶水的位置、高度，只要掌握了这几点，一朵漂亮的快速玫瑰很轻松地就制作完成啦！

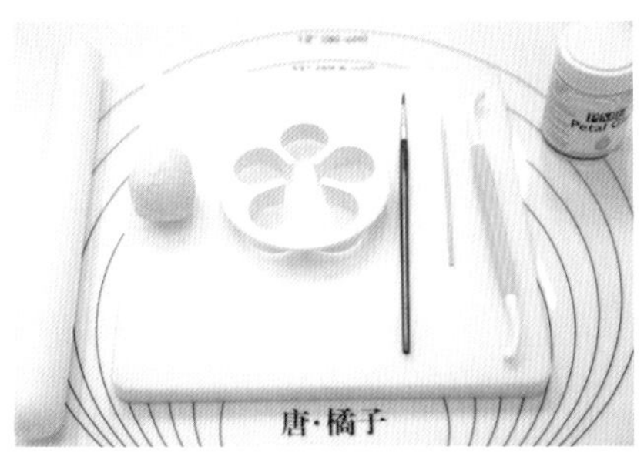

1 准备工具：一体玫瑰花切模（直径 8cm）、墨西哥泡沫垫／糖花泡沫垫、骨棒／球棒、牙签、2 号糖花专用铁丝、糖花胶水。

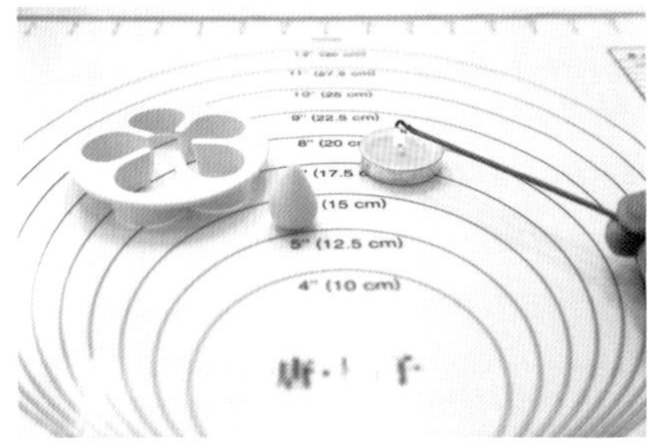

2 将糖花专用干佩斯搓成水滴形状，大小正好可放入切模的一个花瓣内即可。将铁丝的一头弯成圆圈状，用蜡烛加热。

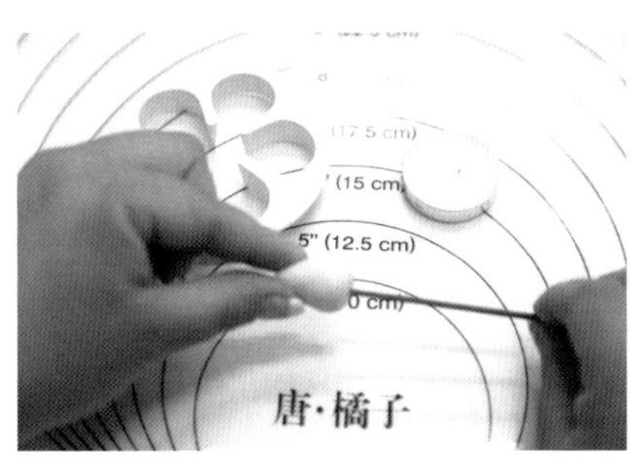

3 将加热后的铁丝插入水滴形花心内，收口。

4 将糖花专用干佩斯擀薄，用切模切出花瓣。

5 在墨西哥泡沫垫上用球棒擀薄花瓣边缘。

6 将少量糖花胶水抹在花瓣两侧，注意胶水抹到单片花瓣的 8 分满的高度。每片花瓣的操作方法相同。

7 把花心插入花瓣正中。

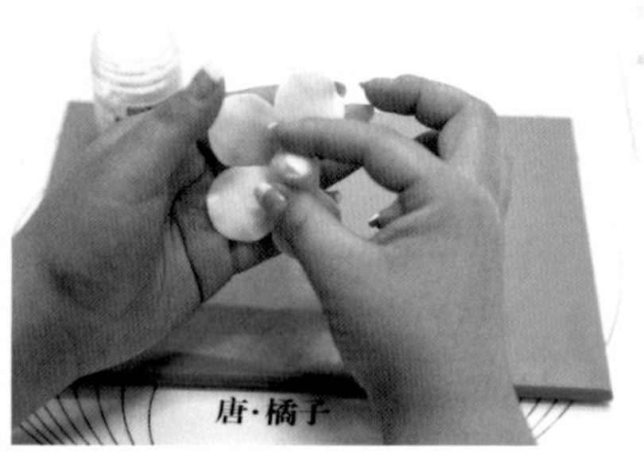

8 任意取一片花瓣，在高于花心的位置内扣包住。

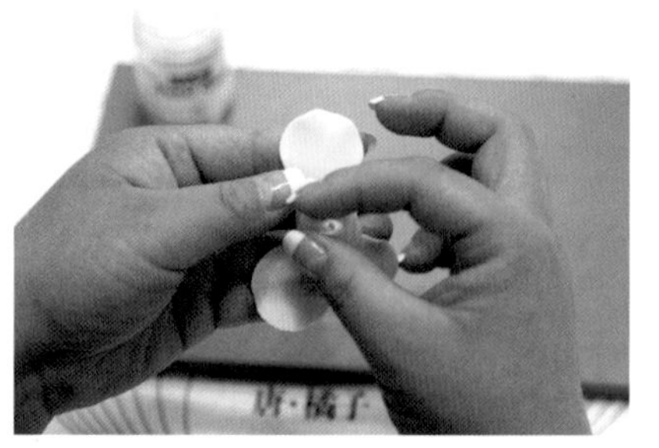

9 取相对的另一片花瓣，在和第一片花瓣同等的高度包住花心，花苞顶部仅露小口。

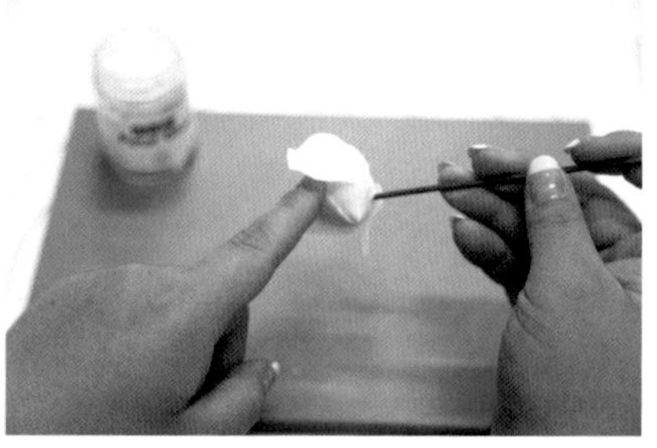

10 倒置糖花，顺时针按一片花瓣压一片花瓣的方式，将每片花瓣相同的一侧贴合于花心上。

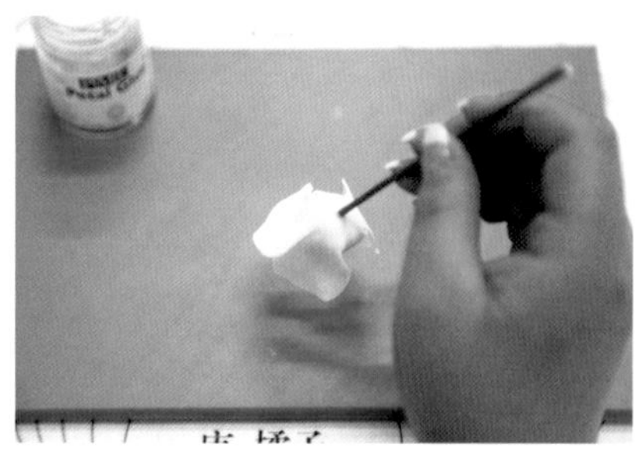

11 贴完后，花瓣呈现风车状。

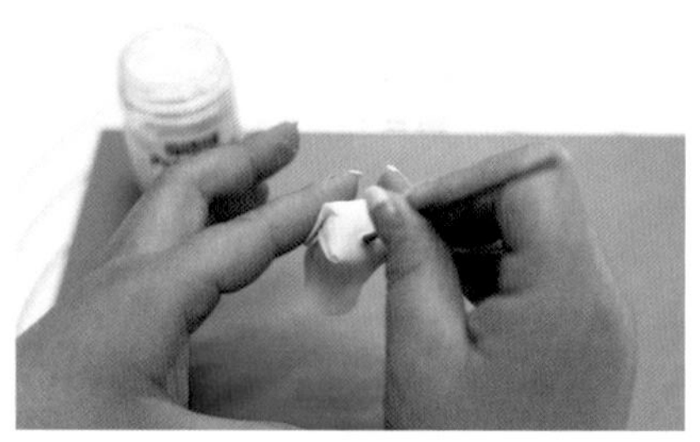

12 花瓣的另一侧也按顺序贴合于花心上。

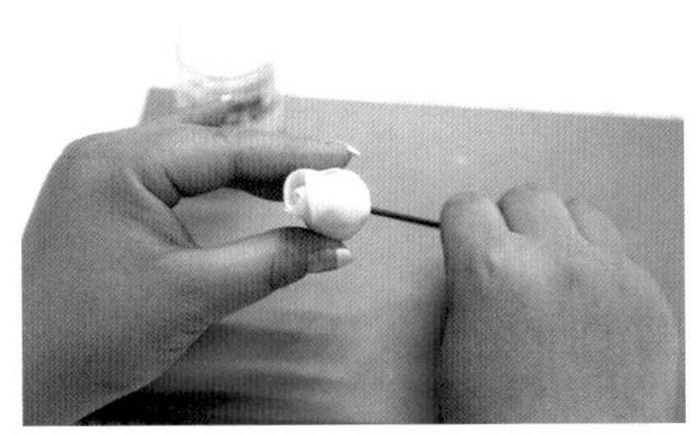

13 在花苞底部用手轻捏，使花心保持水滴状。

14 第二层花瓣，将糖花专用干佩斯擀薄，用球棒擀边，在花瓣两侧涂抹少量胶水（约 8 分满）后，与花苞组装到一起。

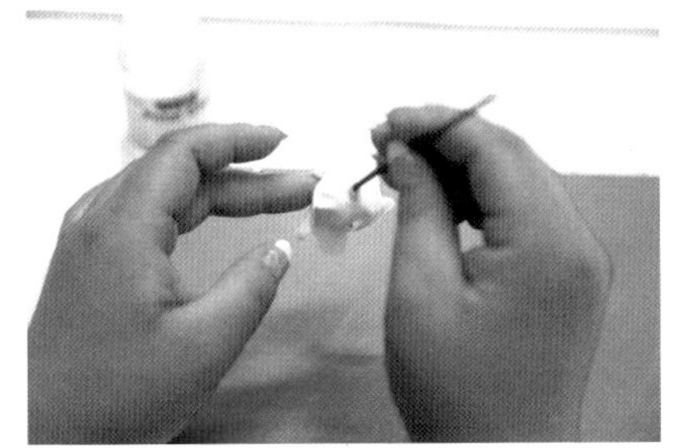

15 倒置糖花，顺时针按一片花瓣压一片花瓣的方式将 5 片花瓣相同的一边贴合于花苞上。

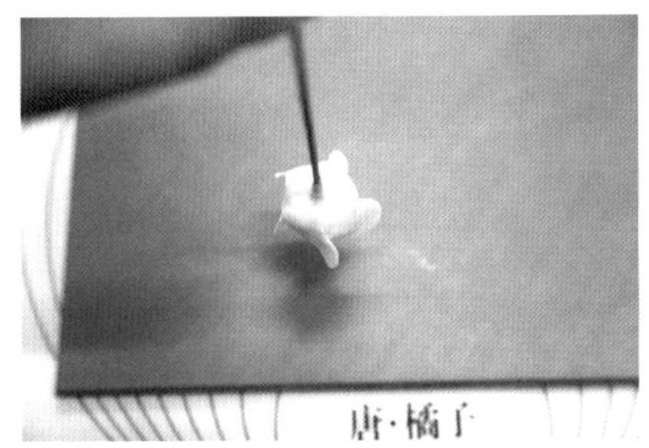

16 花瓣单侧依次贴合于花苞上后，呈现风车状。

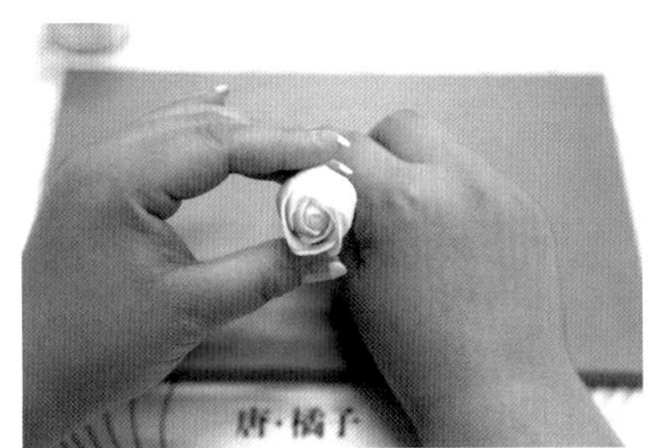

17 花瓣的另一侧也按顺序贴合于花苞上，轻捏底部塑形。

18 用切模切出花瓣，球棒擀薄花瓣边缘。

19 翻至另一面。

20 用牙签在花瓣顶端两侧斜上方的位置顺时针卷边缘。

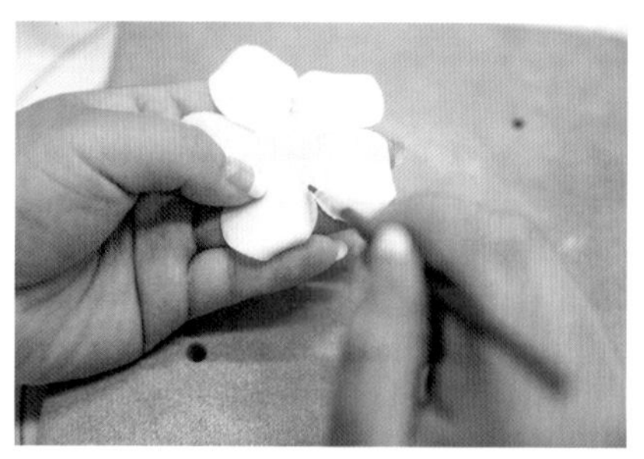

21 在卷边位置用少量糖花胶水涂抹花瓣，6 分满即可。

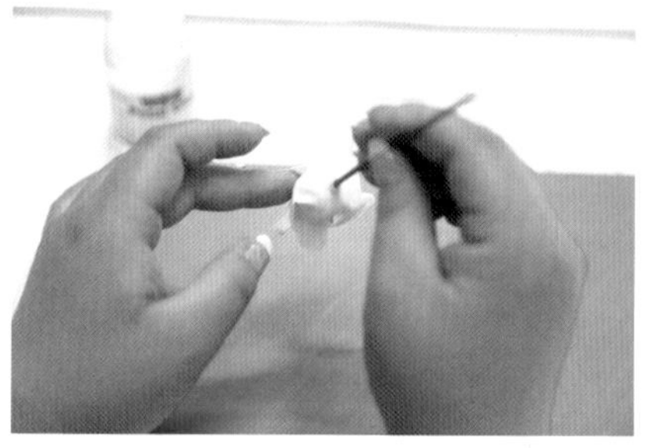

22 倒置糖花，将未卷边位置顺时针按一片花瓣压一片花瓣的方式将 5 片花瓣相同的一侧贴合于花苞上，形成风车状。另一侧卷边的花瓣按顺序贴于花苞上。

23 将糖花专用干佩斯擀薄，用切模切出花瓣，再用球棒擀薄花瓣边缘。翻面后，用牙签将花瓣顶端两侧斜上方的位置卷边。

24 将少量糖花胶水涂于每片花瓣的 6 分满处。

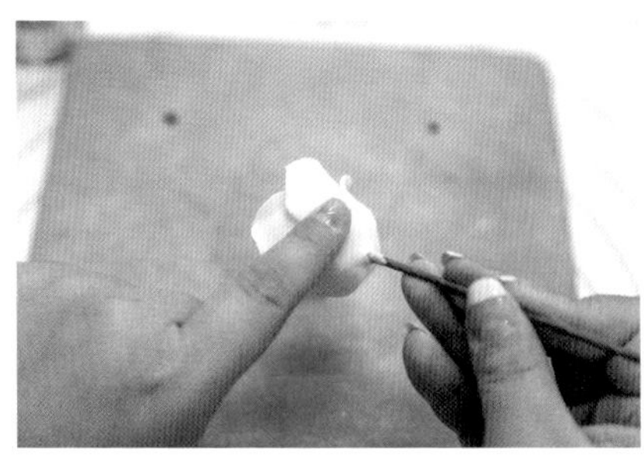

25 按前文所述的方法贴好花瓣。此时注意，贴合时手指触碰位置为花苞的底部。

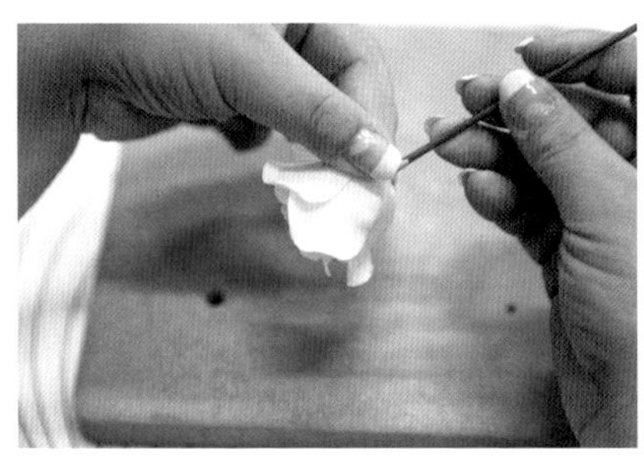

26 轻捏花朵底部，塑造出圆润的形状。

27 一朵含苞待放的快速玫瑰基本完成。

28 刷色粉时，花朵中间位置颜色略深，边缘处刷少量色粉形成层次感即可。

29 一朵快速玫瑰完成，如果你想制作一个玫瑰花骨朵，仅需重复第一层和第二层的花瓣做法。

小型蝴蝶兰

Tips：在给糖花塑形的过程中，锡纸是个很好用的工具，它可以成为各种形态的晾花工具。

1 准备工具：蝴蝶兰钢制切模、墨西哥泡沫垫、花茎板、球棒、糖花／叶片塑形棒、万用白棒、糖花塑形棒、切刀、26号糖花专用铁丝、锡纸。

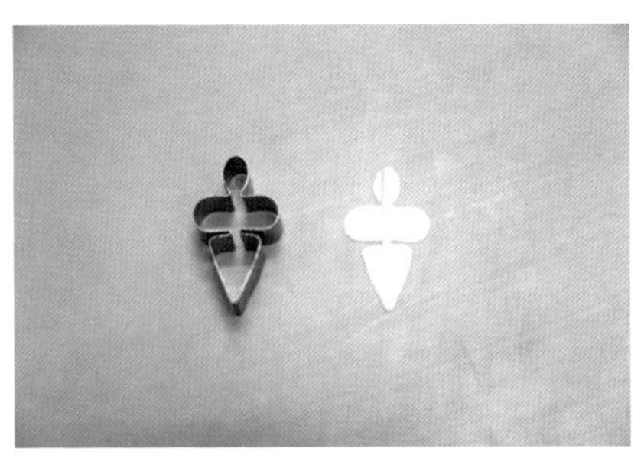

2 用花茎板擀薄糖花专用干佩斯，然后用切模切出花瓣。

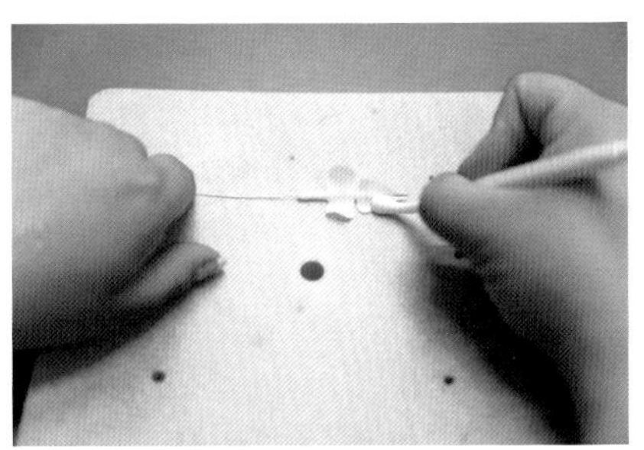

3 在花瓣的脊背处插入26号糖花专用铁丝，将花瓣的尖部用切刀切成两半。注意不要露出铁丝。

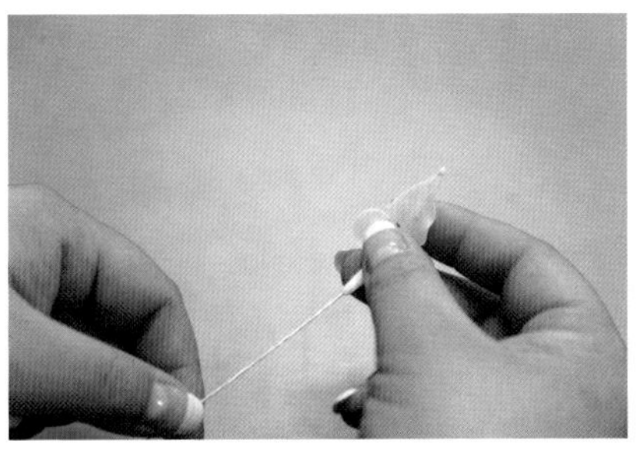

4 食指、中指垫于花瓣下方，拇指在花瓣上方按压，制作出弧度。

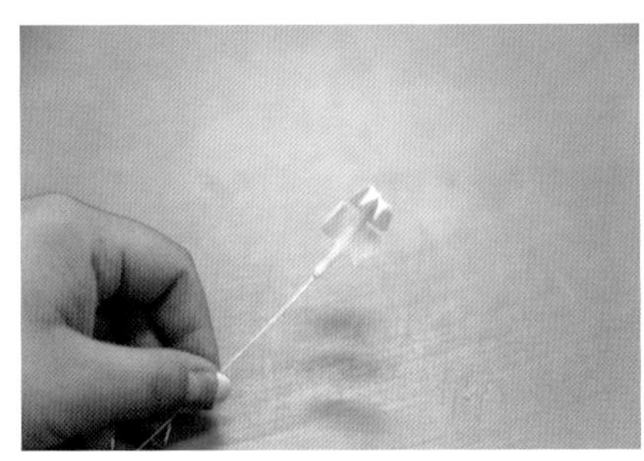

5 制作完成的有弧度的花瓣。

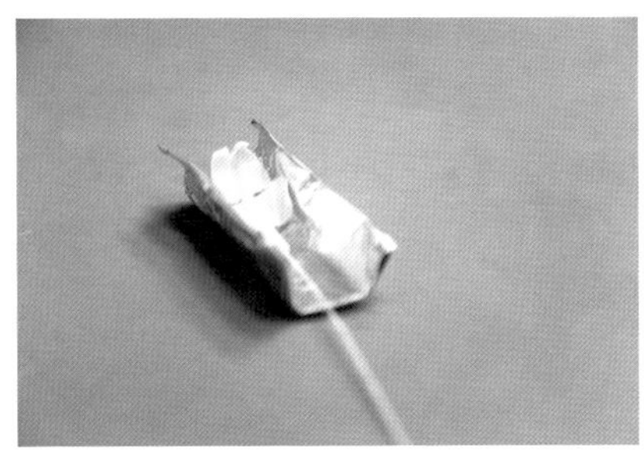

6 把锡纸做成只有三面的小盒子，将花瓣晾于锡纸内。

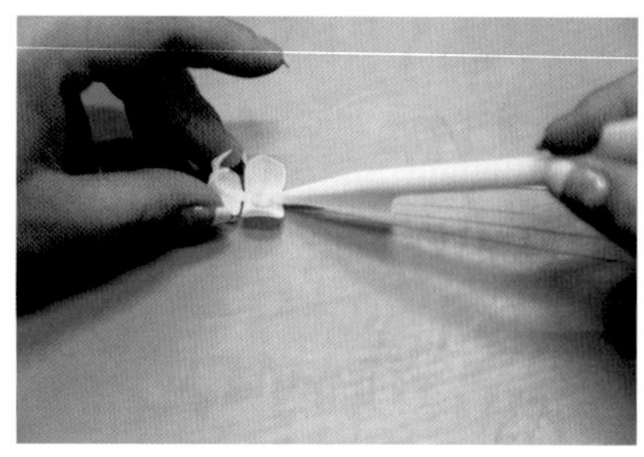

7 取黄色糖花专用干佩斯，搓成小球，贴在花瓣中心。用切刀纵向在黄色小球上画出一条直线。

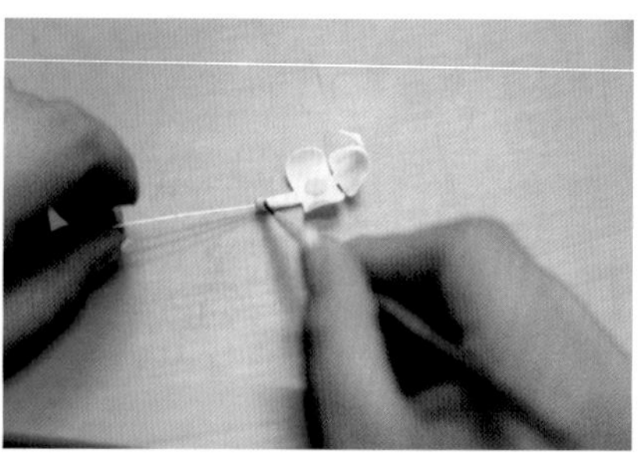

8 搓一个更小的小球，用软笔蘸取，贴于花瓣的底部。

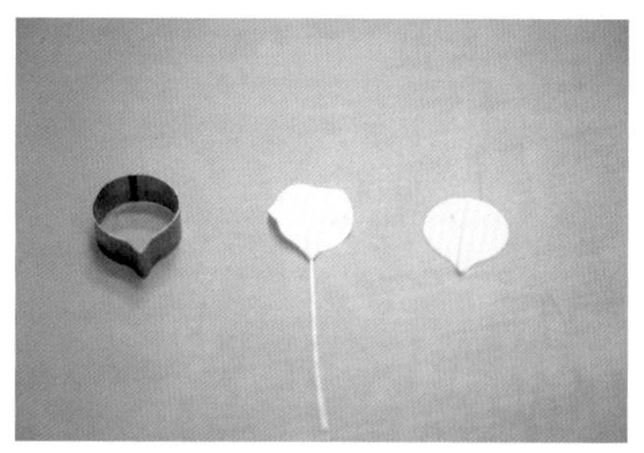

9 在花茎板上擀薄糖花专用干佩斯，用切模切出花瓣。在花瓣脊背处插入 26 号糖花专用铁丝，铁丝插入花瓣 2/3 的位置最佳。

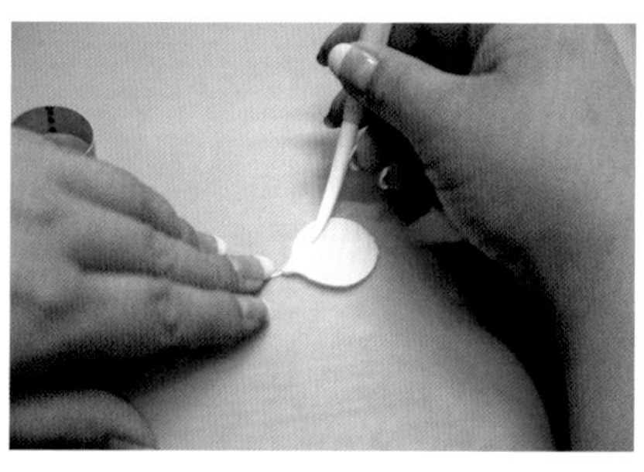

10 用糖花／叶片塑形棒的细头画出纹理。

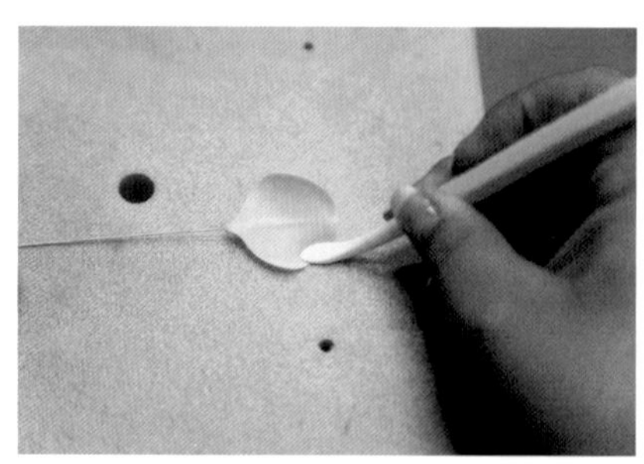

11 用糖花／叶片塑形棒的粗头擀薄花瓣边缘。此款花瓣制作两片。

12 将两片花瓣用糖花胶带缠绕固定，呈“Y”字形。

13 将先前晾干的花瓣搭于“丫”字形花瓣之上，底部对齐。

14 用糖花胶带缠绕固定。

15 将糖花专用干佩斯搓成水滴状，插入墨西哥泡沫垫的小孔内。

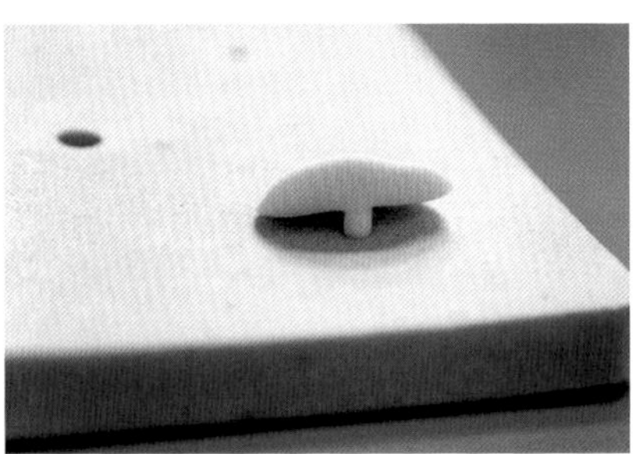

16 在墨西哥泡沫垫上擀平干佩斯。

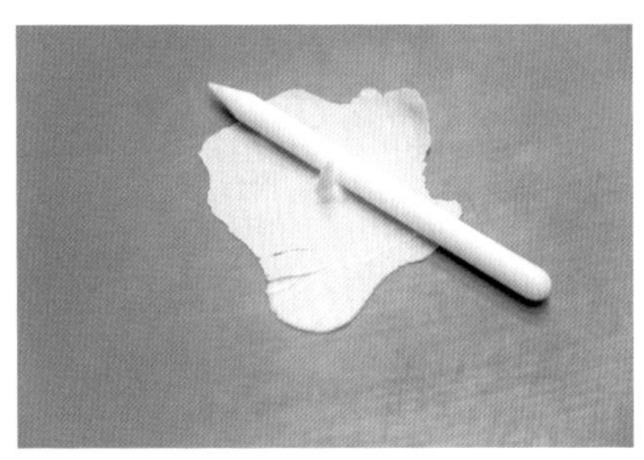

17 用小号万用白棒避开鼓起部分擀薄干佩斯。

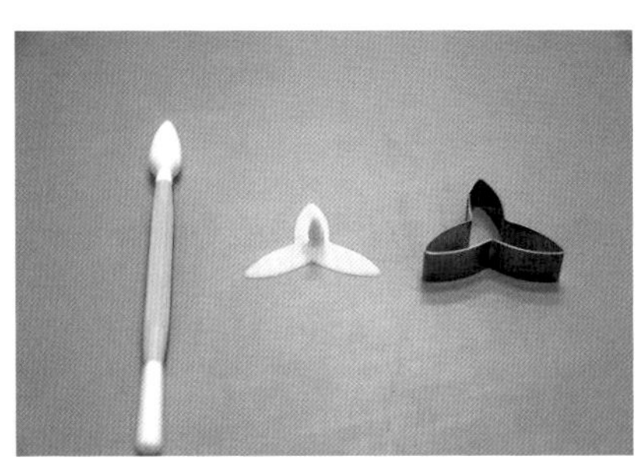

18 用切模切出花瓣形状，注意鼓起部分居中。

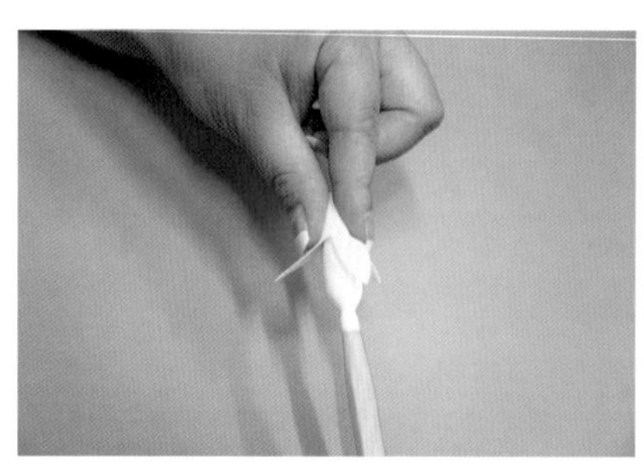

19 将糖花塑形棒插入花瓣中心1/3深处，手捏花瓣外侧塑形。

20 塑形后的花瓣呈现出有深度的形态。

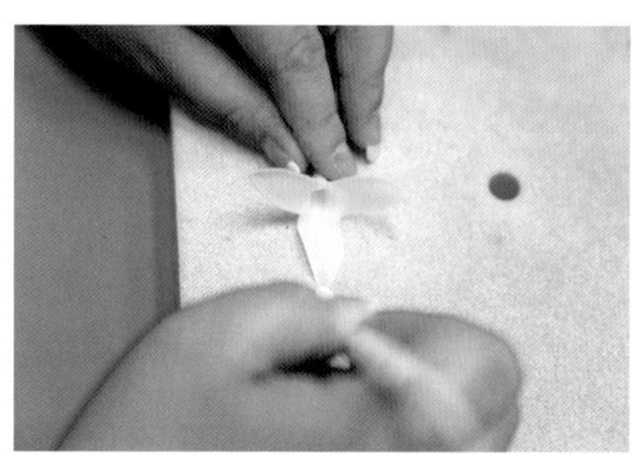

21 用球棒擀薄花瓣边缘。

22 将前面组装好的花瓣插入使用墨西哥帽做法的花瓣中。

23 依照真实的小型蝴蝶兰来塑形糖花。

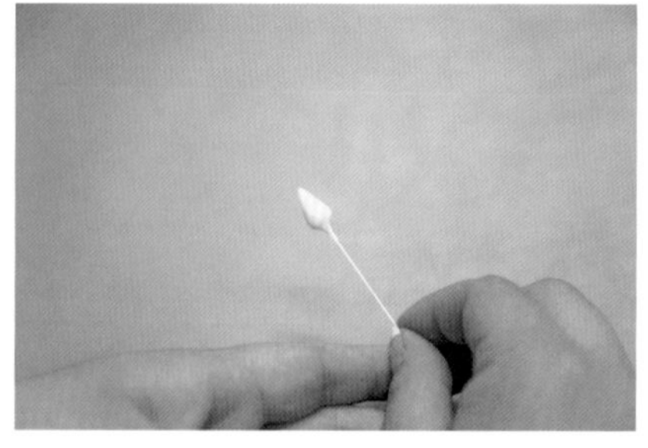

24 制作花苞，从水滴形的干佩斯底部插入 26 号糖花专用铁丝并收口。

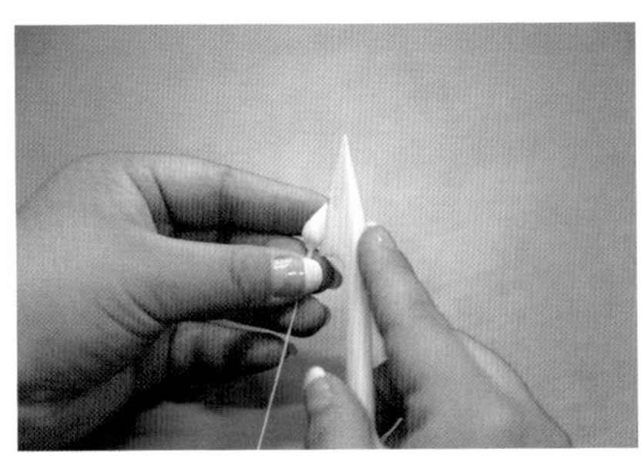

25 用切刀纵切四刀。

26 花苞完成。

27 根据小型蝴蝶兰的生长规律，用糖花胶带组装固定。

28 上色，花心部分颜色略重。在花瓣边缘位置从外向内刷少量色粉，制造出花瓣的层次感。

29 在花苞尖部刷和小型蝴蝶兰同色的色粉，花朵的根部位置刷淡绿色色粉。

30 小型蝴蝶兰制作完成。

银莲花

1 准备花朵制作工具：花茎板、糖花泡沫垫、银莲花钢制切模、糖花花瓣纹理压模、球棒、2号糖花专用铁丝、26号糖花专用铁丝，糖花专用花蕊若干。

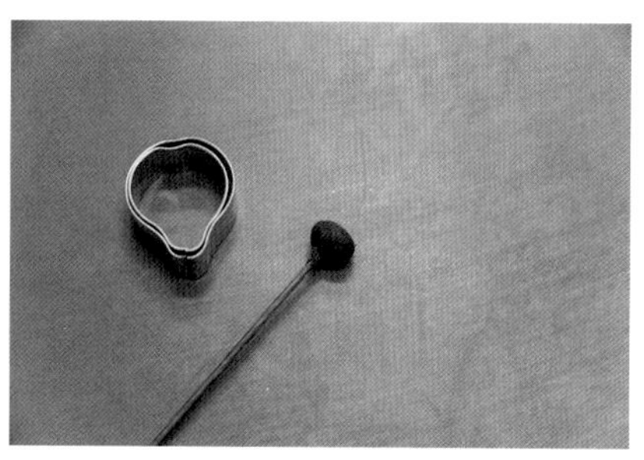

2 制作花心，将糖花专用干佩斯搓圆后按压成纽扣状，从底部插入2号铁丝，收口固定。

3 用剪刀将花心剪出不规则的毛刺，将糖花专用花蕊分成3组，用糖花胶带固定。

4 将3组花蕊用糖花胶带固定在干佩斯花心周围。

5 在花茎板上擀薄干佩斯，再用切模切出花瓣。

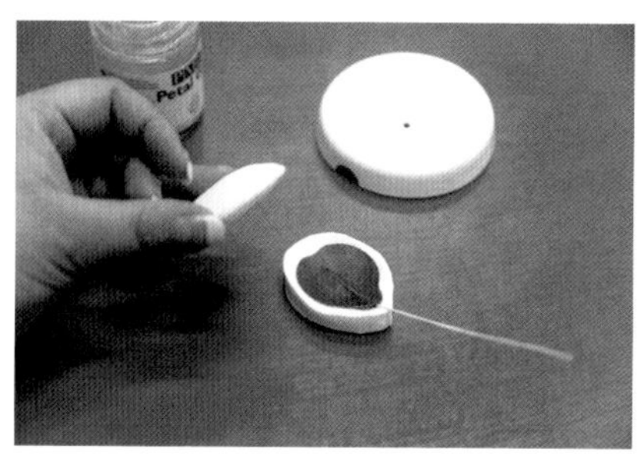

6 用糖花花瓣纹理压模压出纹理。

7 在泡沫垫上用球棒擀薄花边。

8 大号和小号银莲花花瓣用切模各制作 5 片。

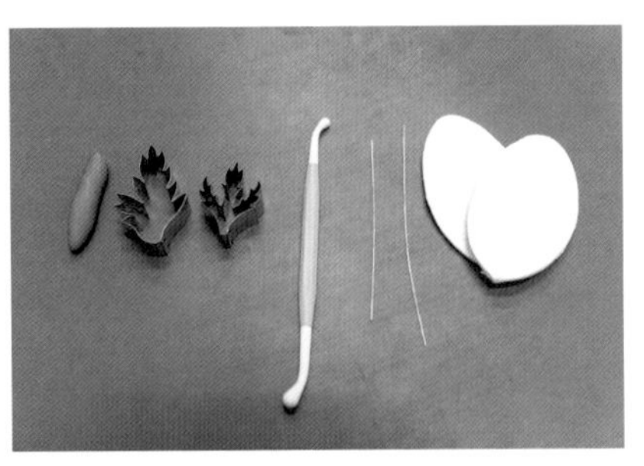

9 准备叶片制作工具：花茎板、糖花泡沫垫、银莲花专用叶片钢制切模、硅胶叶脉纹理压模、球棒、26 号糖花专用铁丝。

10 在花茎板上擀薄糖花专用干佩斯，用切模切出叶片形状。

11 在叶片脊背处穿上 26 号铁丝，并用压模压出叶脉纹理。

12 在糖花泡沫垫上用球棒擀薄叶片边缘，叶片制作完成。

13 在花蕊上涂抹糖花胶水。

14 点上黄色色粉，营造花粉效果。花心部分刷糖花同色的色粉。

15 将花瓣晾干，刷紫色色粉。

16 组装花瓣。靠近花心部分为5片小号花瓣，向外弯出花朵开放状态的弧度后，用糖花胶带固定。

17 5片大号花瓣弯出开放状态的弧度后，使用糖花胶带固定为花朵的第二层花瓣。再将叶片用糖花胶带固定，一朵银莲花就制作完成了。

大丽花

Tips：自然界中的大丽花分为菊形、莲形、芍药形、蟹爪形等。制作糖花时，一般以菊形、莲形居多。只要你多观察真花，善用水滴形钢制切模的“尖头”“圆头”，这两款大丽花就非常容易上手制作啦！

1 准备工具：墨西哥泡沫垫／糖花泡沫垫、花茎板、球棒／骨棒、水滴形钢制切模 1-2 号、大丽花叶脉纹理压模、糖花胶带、2 号糖花专用铁丝、26 号糖花专用铁丝、牙签、胶水等。

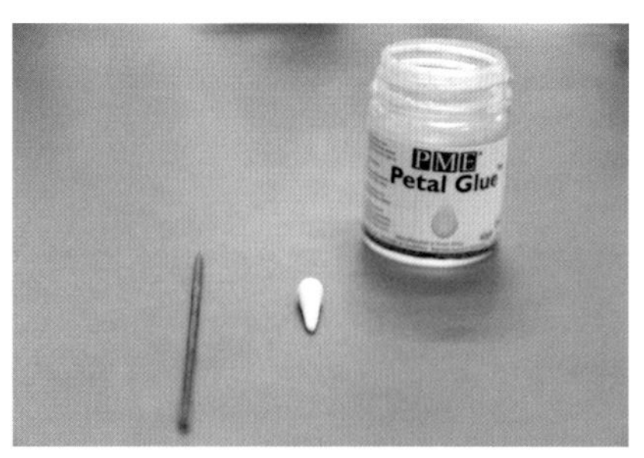

2 取一小块糖花专用干佩斯，搓成水滴状。

3 将 2 号糖花专用铁丝蘸取少量糖花胶水，插入干佩斯中（水滴尖头朝铁丝方向），再用糖花剪刀剪出刺状。

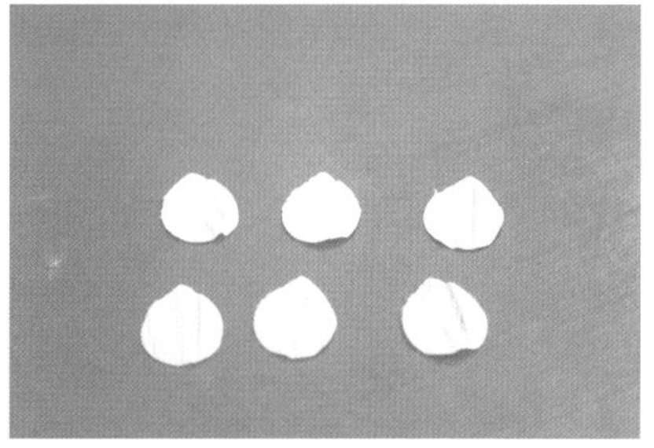

4 将糖花专用干佩斯擀薄，用 1 号切模切出花瓣形状，再用大丽花叶脉纹理压模的顶端略用力压出花瓣纹理。花瓣纹理可以用专业大丽花叶脉纹理压模，也可以选择格桑花叶脉硅胶纹理压模。

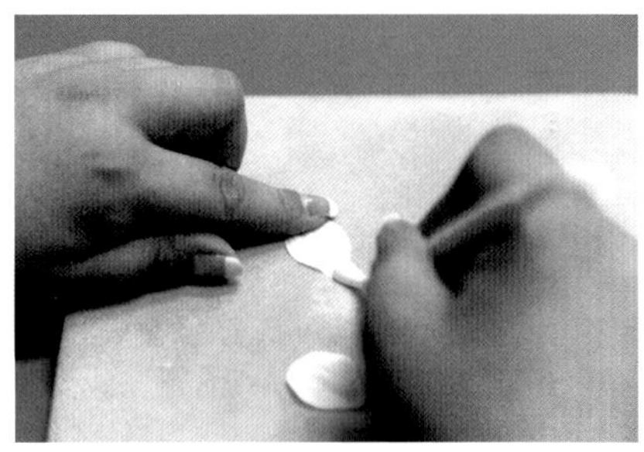

5 用骨棒／球棒在花瓣的尖头处擀薄。

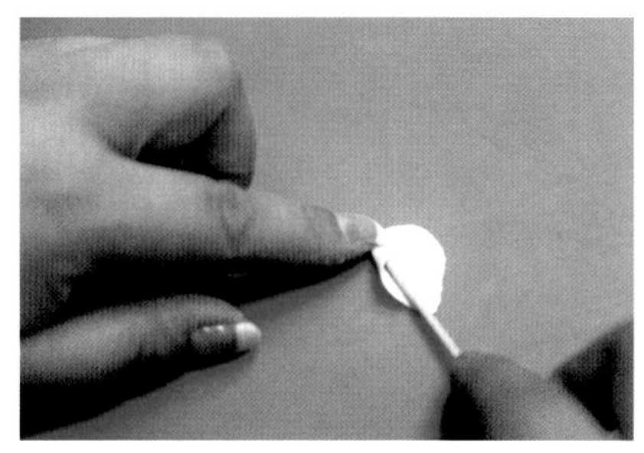

6 使用牙签在花瓣的圆弧位置卷边。

7 左右两边均向内卷，可以将牙签垫在中间形成空心。涂抹少量糖花胶水在花瓣根部，使其黏合。

8 将制作好的花瓣依次贴在花蕊上。

9 花瓣围绕花蕊贴满一圈。

10 依照上述步骤，用1号切模制作第二层花瓣，并围绕第一层花瓣贴满一圈。

11 贴好后的两圈花瓣。

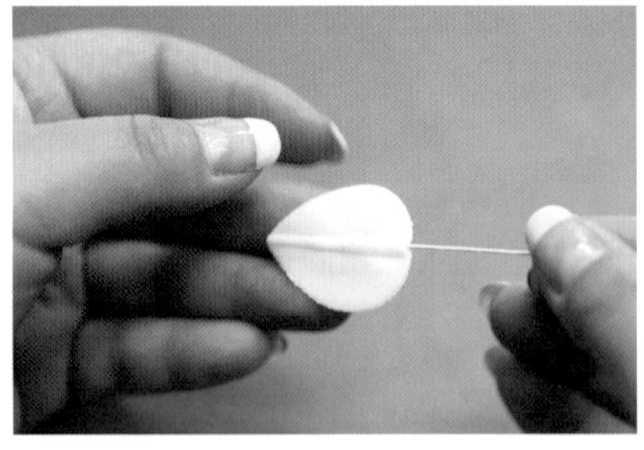

12 在花茎板上擀出花茎，用2号切模切出花瓣。在花茎脊背处插入26号糖花专用铁丝，铁丝插入花瓣的2/3位置最佳。

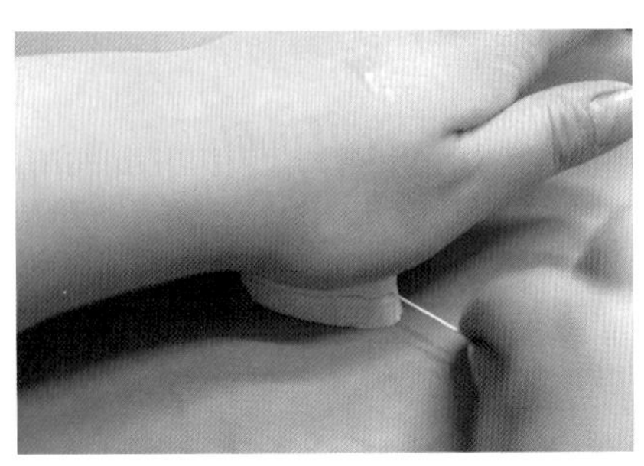

13 用大丽花叶脉纹理压模压出纹理。

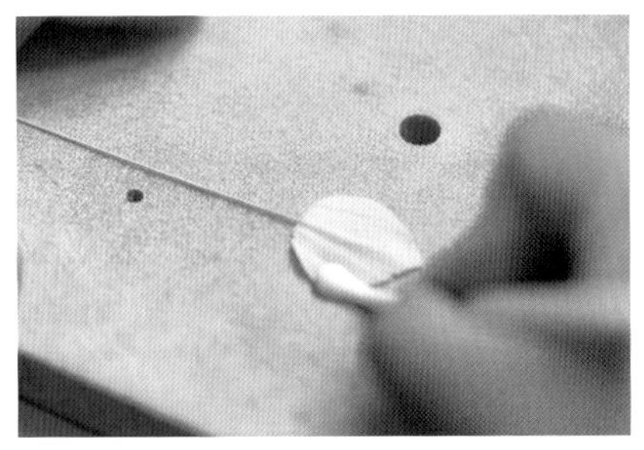

14 用球棒擀薄花瓣边缘。

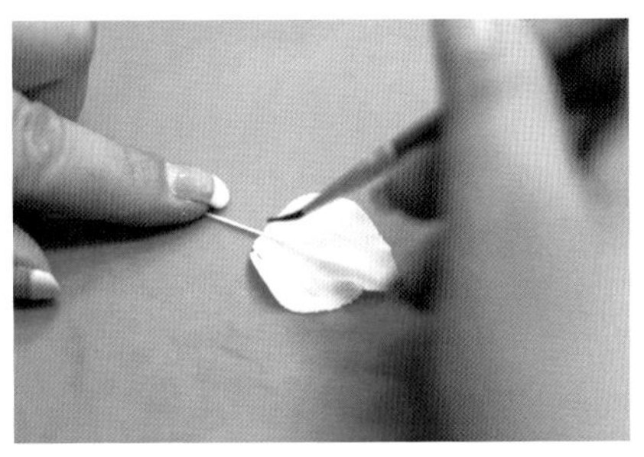

15 在花瓣的圆弧位置呈 V 形涂抹糖花胶水。

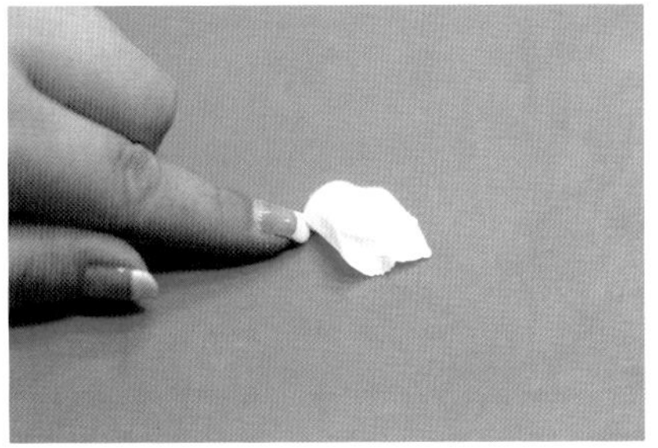

16 圆弧处卷边。

17 将两侧的圆弧处卷边黏合在一起。

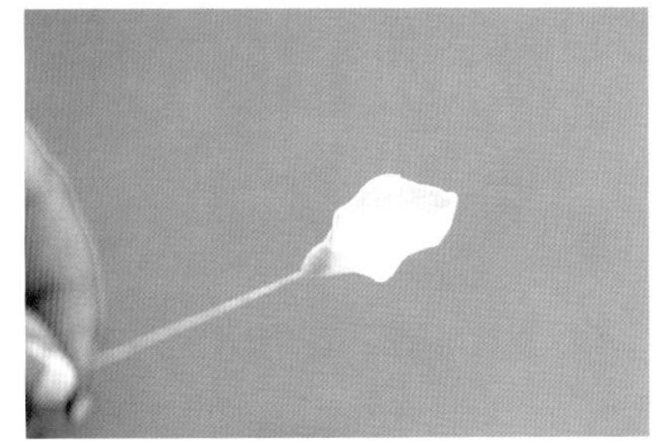

18 粘贴后的花瓣中心要呈空心状。

19 把糖花铁丝弯出弧度。

20 依次将弯好弧度的 2 号花瓣和花朵组装，用糖花胶带固定。

21 2 号花瓣围满一圈。

22 上色时，花心部分的色粉略重。

23 第一、二层花瓣用色粉刷花瓣的中心及边缘位置。

24 最外层花瓣仅用色粉刷花瓣的边缘位置。

25 大丽花制作完成。

大卫·奥斯汀玫瑰

Tips：制作奥斯汀玫瑰时，糖花专用干佩斯的染色要浅，这样配合后期上色才能制造出渐变的效果。

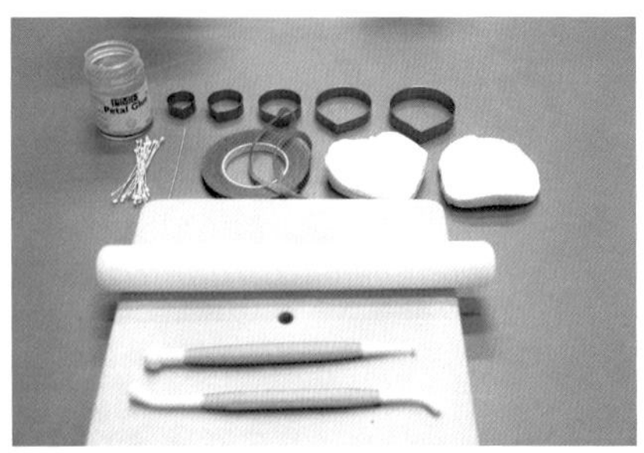

1 准备工具：墨西哥泡沫垫／糖花泡沫垫、花茎板、球棒／骨棒、水滴形钢制切模 1—5 号、糖花花瓣纹理压模、糖花专用花蕊、糖花胶带、26 号糖花专用铁丝、胶水等。

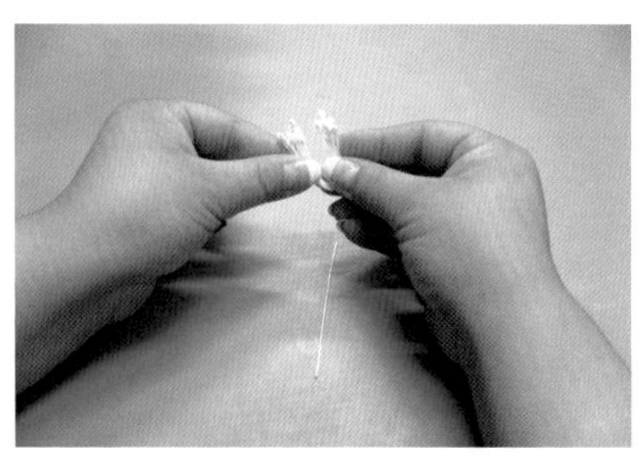

2 准备好花蕊，8 根左右一撮从中间对折，将花蕊头对齐。

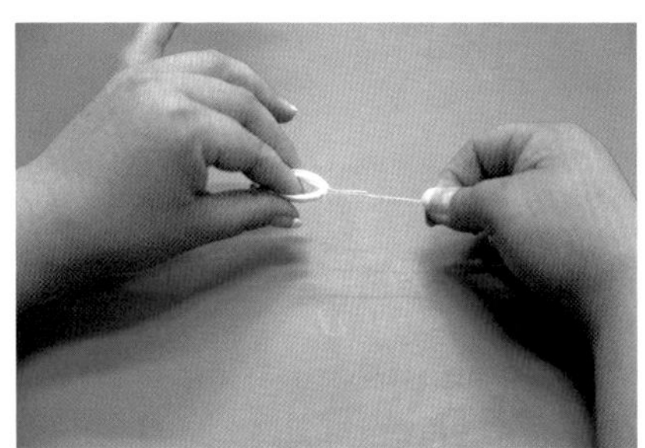

3 将 26 号糖花专用铁丝弯曲，钩住对折好的花蕊。

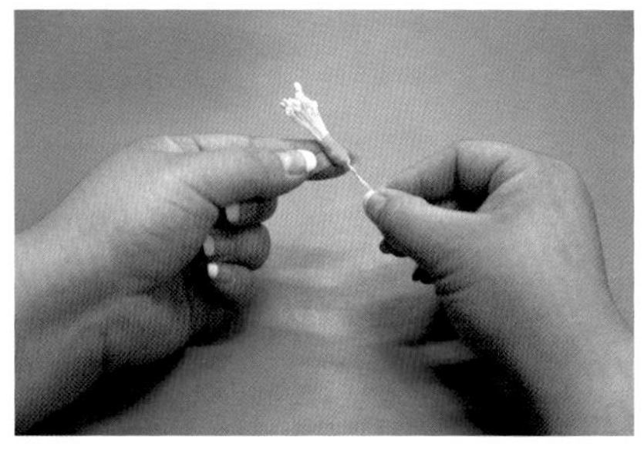

4 用糖花胶带缠住花蕊根部和铁丝的连接处以及整根铁丝。这样操作后，花蕊会紧密地黏合在一起，成品效果更完美。

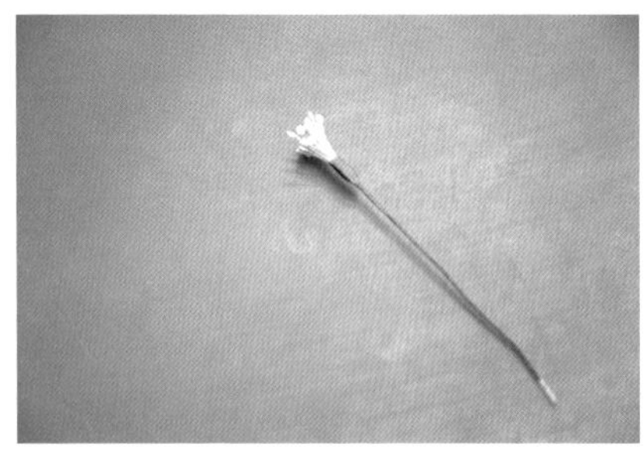

5 花心部分完成。

6 在花茎板上擀薄糖花专用干佩斯。

7 用 1 号切模切出花瓣形状，花瓣的脊状突起部分在切模中央。切时要注意四周不要出现毛边。

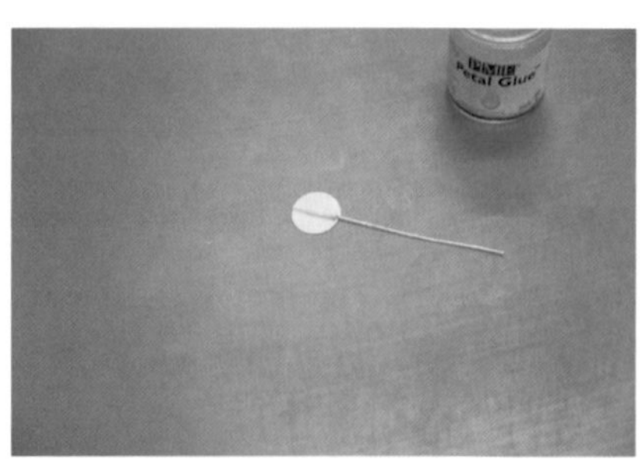

8 将 26 号糖花专用铁丝蘸取少量胶水，插入花瓣的 2/3 处。

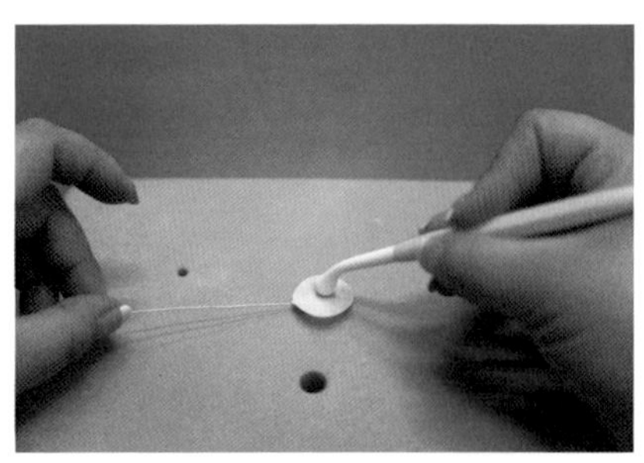

9 用骨棒的 U 形部分擀薄花瓣边缘，再用球形头在花瓣内侧避开铁丝，略用力来回擀。

10 擀至整个花瓣呈现内扣状。当然，花瓣里的铁丝不可以因为擀动而暴露出来。

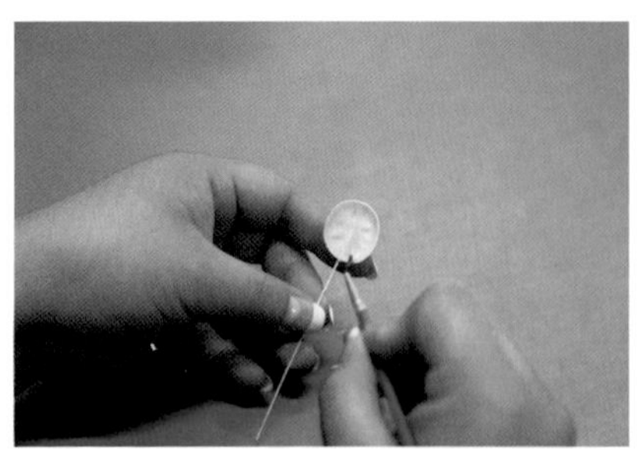

11 在擀制好的花瓣靠近铁丝部分呈 V 形涂抹少量胶水。

12 将花瓣左右对折，靠近铁丝的根部黏合收口。

13 擀薄糖花专用干佩斯，依次用切模切出余下的 2—5 号花瓣。

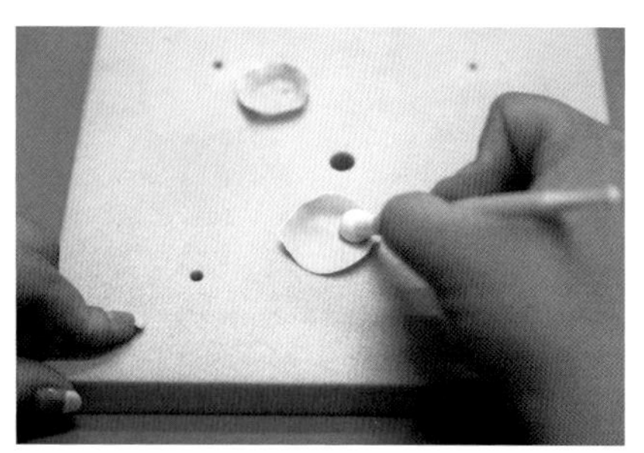

14 用球棒在花瓣内侧来回擀制，直至花瓣向中间扣起。

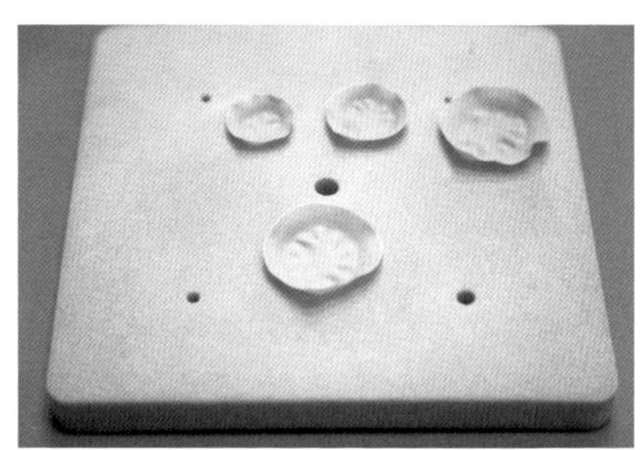

15 2—5 号花瓣全部擀至扣起。

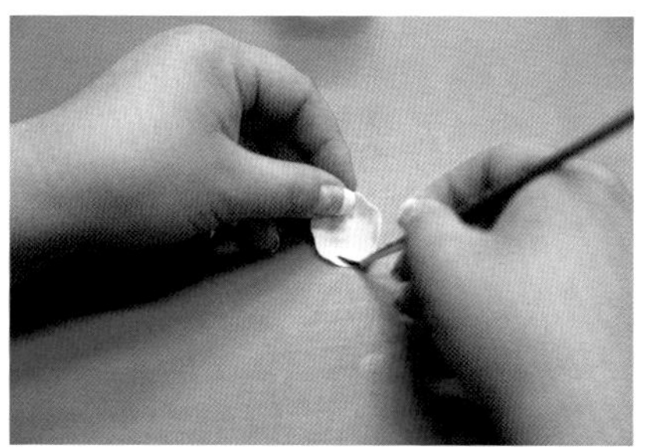

16 在花瓣根部呈 V 形涂抹胶水，只需涂抹至花瓣一半的位置。

17 将 2—4 号花瓣依次对折并将根部黏合。注意每片花瓣的高度。

(a)

18 依照上述方法，制作 6 组花瓣备用。

18 (b)

19 取 1 组花瓣和花蕊组合，用糖花胶带固定。

20 依次组装花瓣至花蕊上，用糖花胶带绑紧。

21 6 组花瓣组合成饱满的圆形花朵。

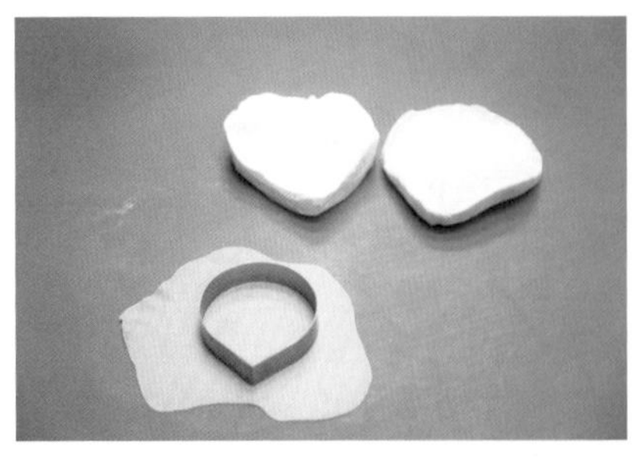

22 擀薄干佩斯，用切模切出花瓣。

23 用纹理压模用力压出花瓣的仿真纹理。

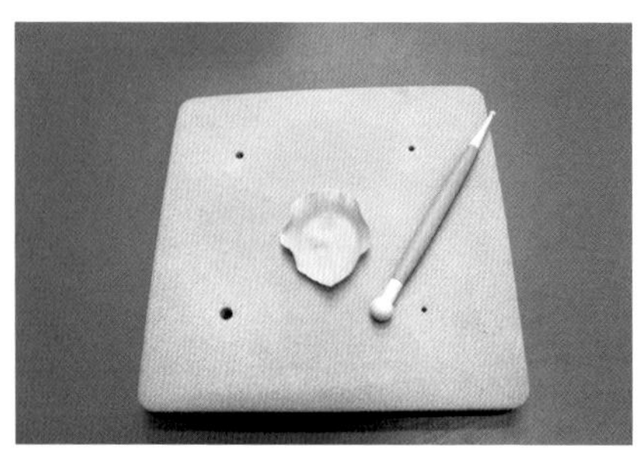

24 用球棒沿花瓣内侧擀成内扣状。

25 在花瓣根部呈 V 形涂抹胶水，贴于圆形花朵外侧，贴满一圈（8~12 片），高度较上一层花瓣略高。

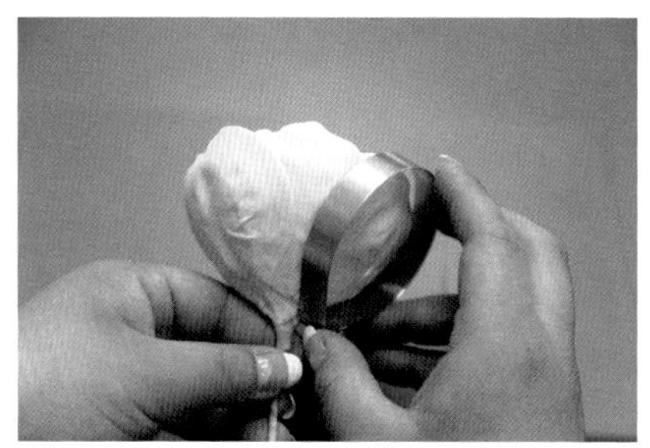

26 选和上一层花瓣同等大小的切模。

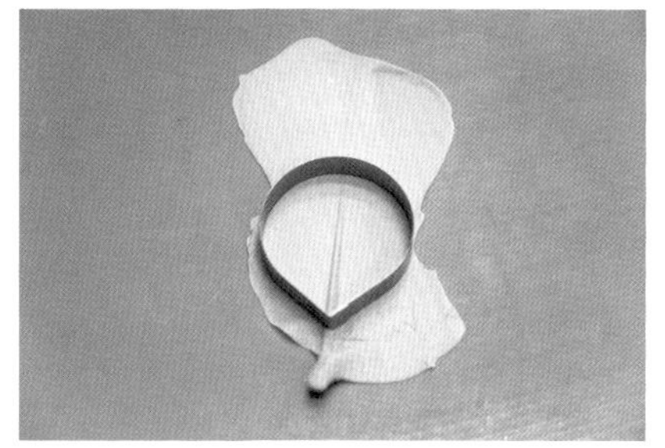

27 在花茎板上擀出花茎后，切出花瓣形状。

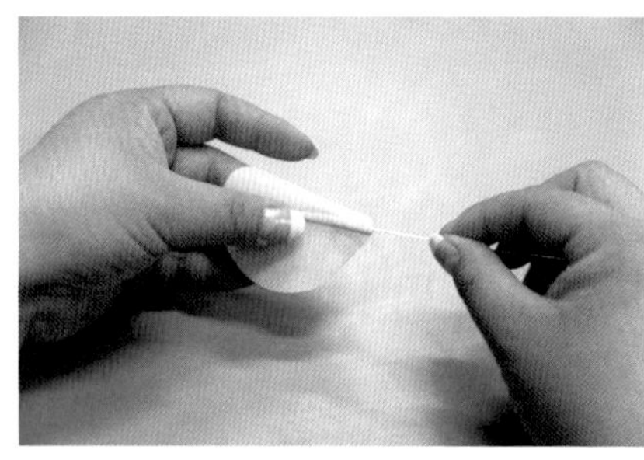

28 小心地穿入 26 号糖花专用铁丝。

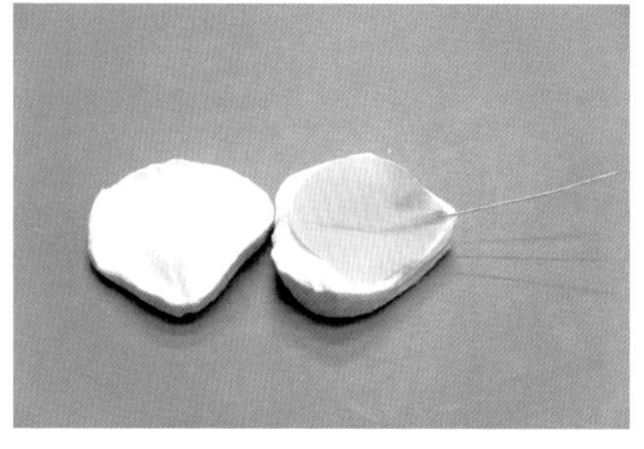

29 用纹理压模压出花瓣的仿真纹理。

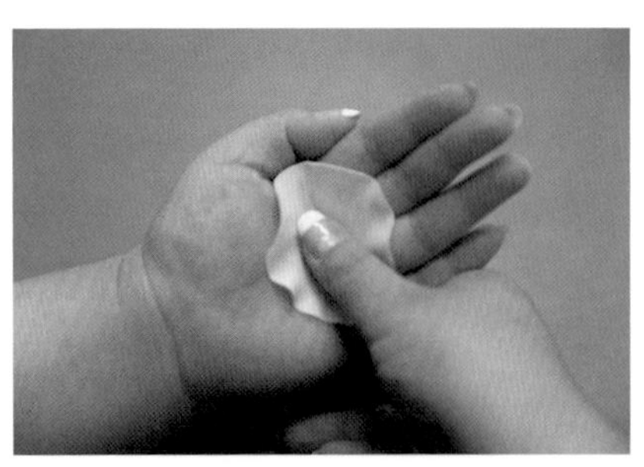

30 将花瓣置于左手手心，用右手拇指按压。这样操作可以使花瓣自然扣起，形态更完美。

31 用球棒擀薄花瓣后，将花瓣置于自制的纸巾晾花环上晾至半干。

32 花瓣组装前，将花瓣底部的铁丝弯出弧度。

33 将花瓣组装到花朵上，用糖花胶带固定。

34 单片花瓣围绕花朵一圈，8~12 片。

35 成品如图。制作时，最外层的花瓣可利用牙签进行塑形，使单片花瓣侧边向外弯曲，这样更加自然。

36 取与干佩斯同色系的色粉，在笔尖所指位置和花蕊之间用色粉刷深颜色。

37 在 6 组花瓣的边缘位置轻扫色粉。

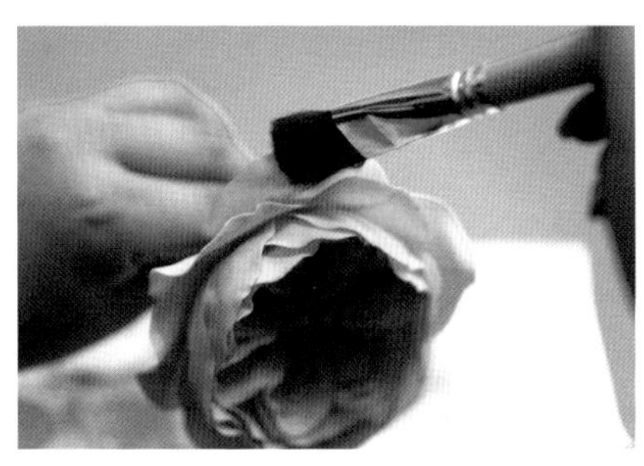

38 在最外侧花瓣的边缘处轻刷色粉。

39 一朵漂亮的奥斯汀玫瑰就制作完成了。

纸巾晾花环制作方法

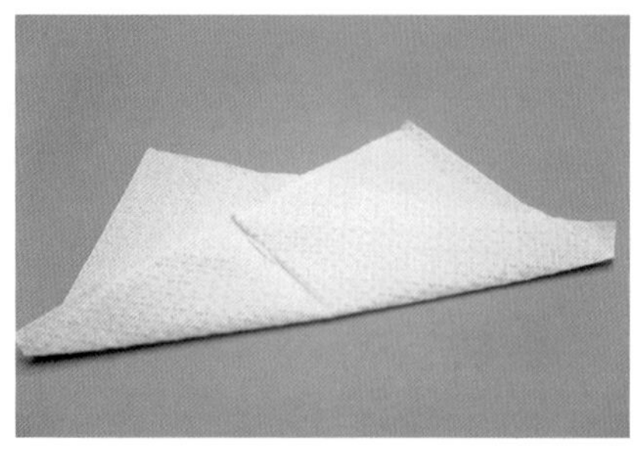

1 取较硬的纸巾一张。斜对折纸巾。

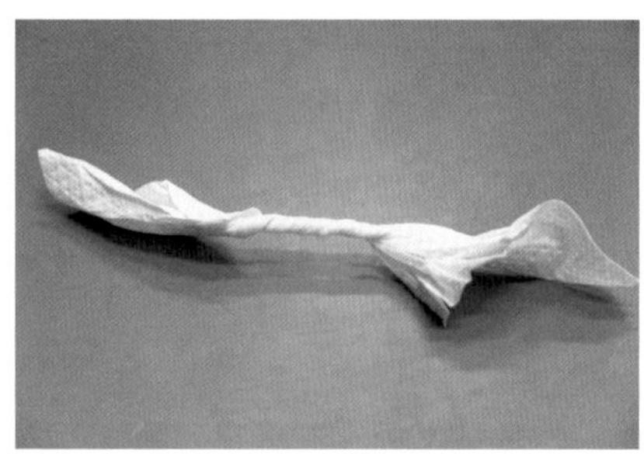

2 用力将纸巾拧成绳状。

3 将绳状纸巾围成一个圈，一个自制纸巾晾花环就完成了。由于是纸环，下部通风效果很好，可以在塑形的同时快速晾干糖花。

仿真玫瑰

Tips：制作仿真玫瑰要注意，擀制花瓣边缘时，波浪不要擀得过于密集，每层花瓣都要高于上一层花瓣，这样花瓣才能更自然。善用翻糖专用蒸汽晕染机，它可以使你的糖花色彩更加真实。

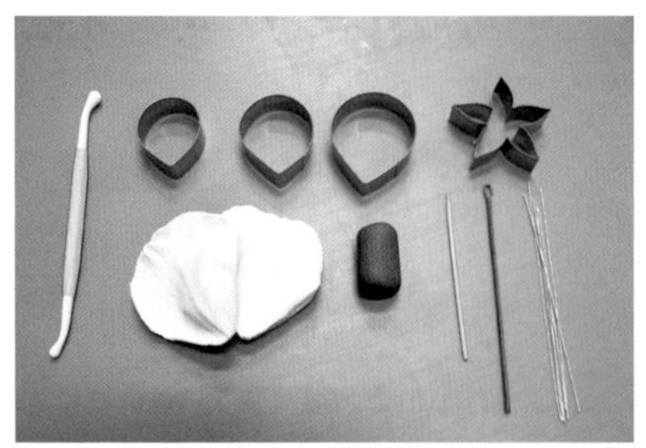

1 准备工具：墨西哥泡沫垫／糖花泡沫垫、花茎板、球棒／骨棒、水滴形钢制切模 4—6 号、五星萼片钢制切模、糖花花瓣纹理压模、糖花胶带、翻糖专用蒸汽晕染机、26 号和 2 号糖花专用铁丝、牙签、胶水等。

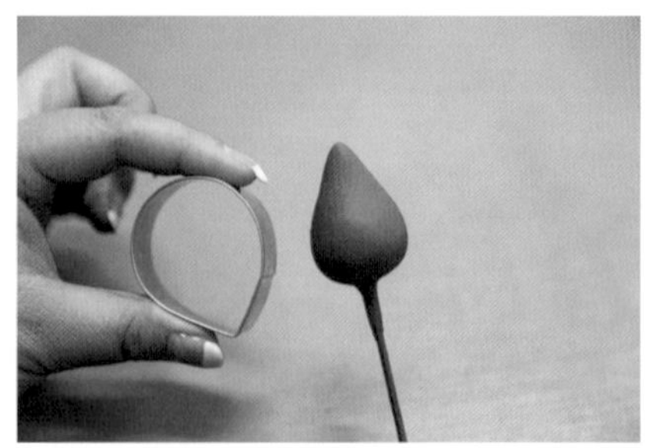

2 把干佩斯搓成水滴形，2 号铁丝的一头弯曲成钩状，用蜡烛烧热后插入水滴形的花心内，收口即可。花心大小比 4 号水滴形钢制切模小一圈。

3 将干佩斯擀薄，用 4 号切模切出 4 片花瓣，再用纹理压模压出清晰的纹理。

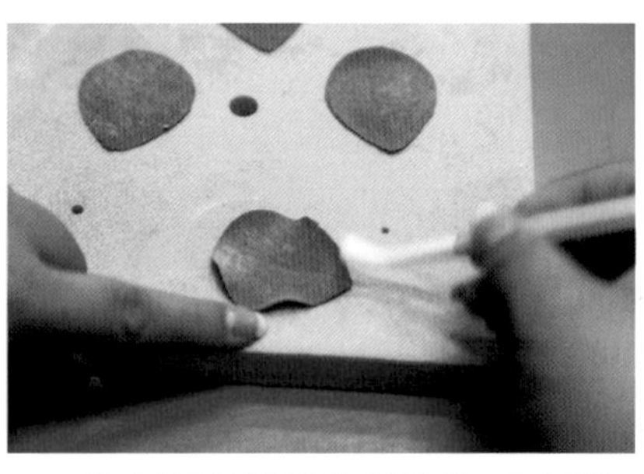

4 用球棒擀薄花瓣边缘，不可让花瓣边缘的波浪过于密集。

5 在花瓣底部呈 V 形涂抹少量糖花胶水。

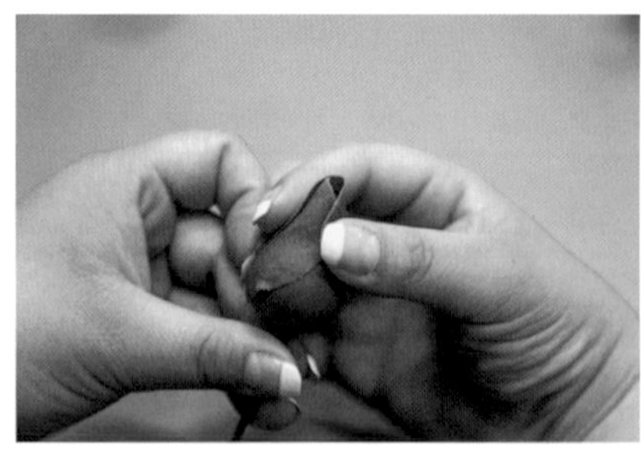

6 花瓣高于花心，依次紧贴于花心上。

7 第四片花瓣的侧边要压在第一片花瓣下。

8 4 片花瓣全部贴合完成。

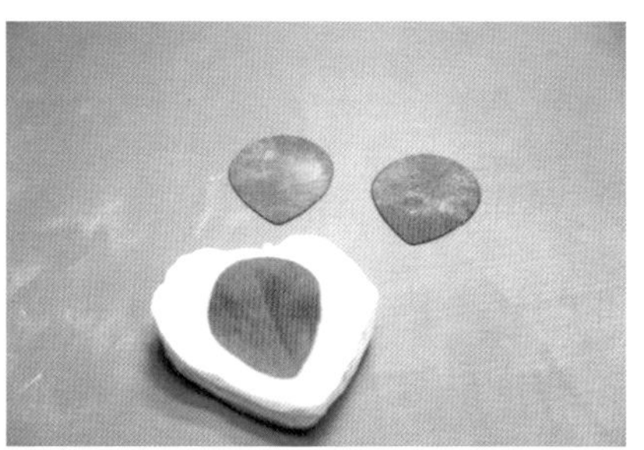

9 将干佩斯擀薄，用 4 号水滴形切模切出 3 片花瓣，再用纹理压模压出清晰的纹理。

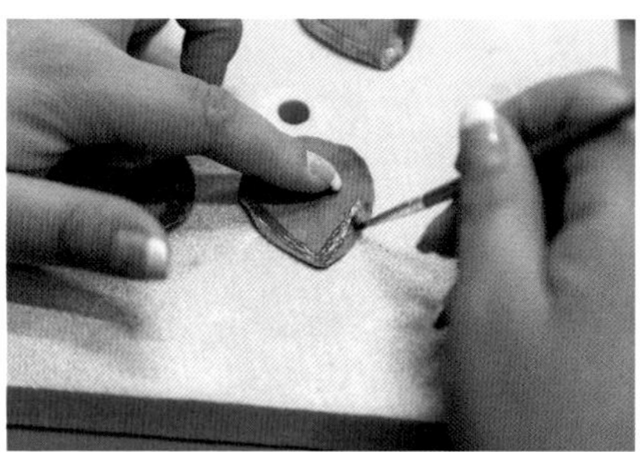

10 用球棒擀薄花瓣边缘后，呈 V 形在花瓣一半的位置涂抹少量糖花胶水。

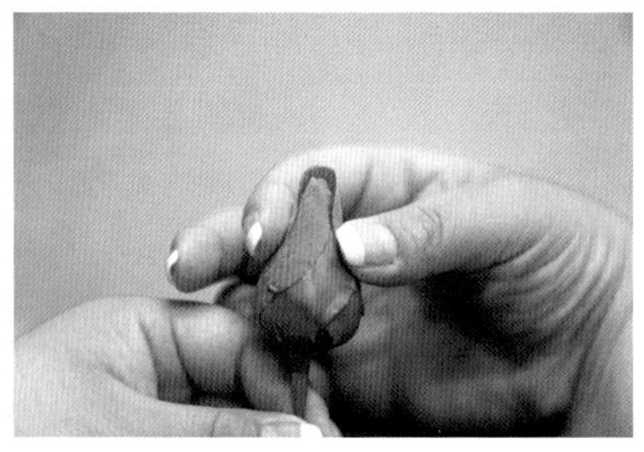

11 花瓣高于上一层贴于花心上。

12 将 3 片花瓣依次贴于花朵上，第三片花瓣的一侧压于首片花瓣下。

13 将干佩斯擀薄，用4号水滴形切模切出3片花瓣，再用纹理压模压出清晰的纹理。接着用球棒擀薄花瓣边缘，然后用牙签在花瓣背面顶端的斜上方位置卷出小花边，营造自然的花瓣质感。

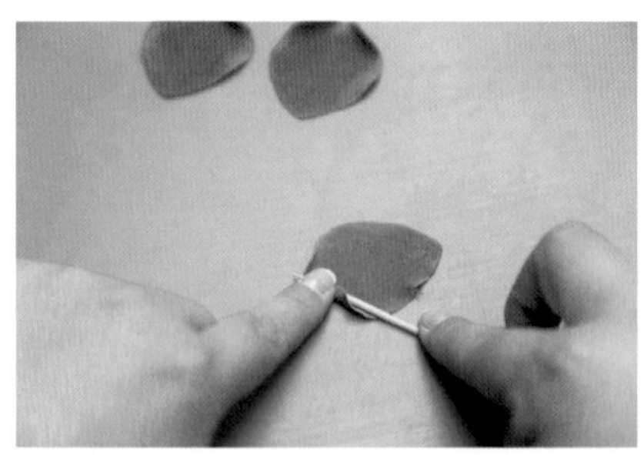

14 花瓣顶端的斜上方位置的左右两边均要卷出小花边。

15 将卷好边缘的3片花瓣依次高于上一层花瓣贴合于花心上，第三片要压在第一片下方。

16 将干佩斯擀薄，用4号水滴形切模切出3片花瓣，再用纹理压模压出清晰的纹理。用球棒擀薄花瓣边缘后，再用牙签在花瓣背面顶端的斜上方位置卷出大花边，3片花瓣均用此法制作。

17 将卷好边缘的3片花瓣高于上一层花瓣依次贴合于花朵上，第三片要压在第一片下方。此时的花瓣在贴合时要注意做出开放状，花瓣略向外倾斜。

18 4层4号花瓣全部贴合完毕。

19 将干佩斯擀薄，用 5 号水滴形切模切出 5 片花瓣，再用纹理压模压出清晰的纹理。用球棒擀薄花瓣边缘，用牙签在花瓣背面顶端的斜上方位置卷出大花边，将卷好边缘的 5 片花瓣依次高于上一层花瓣贴合于花朵上。

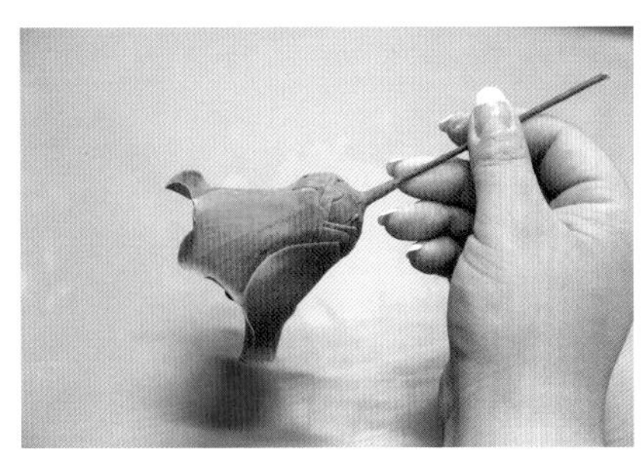

20 5 片 5 号花瓣贴好后呈羽毛球状。

21 5 层花瓣全部贴合完成。

22 取 6 号水滴形切模。

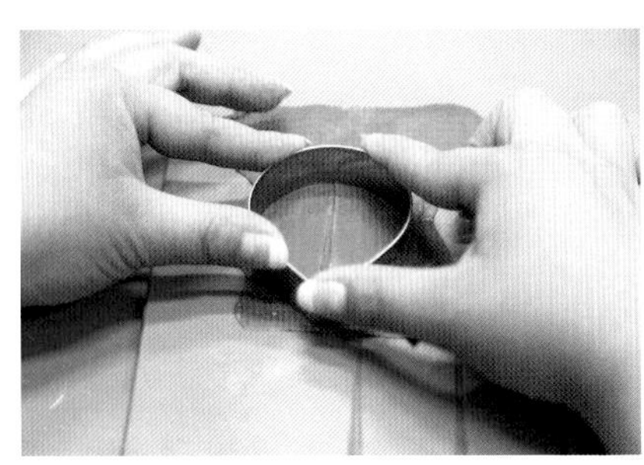

23 在花茎板上擀薄干佩斯，用 5 号水滴形切模切出花瓣。

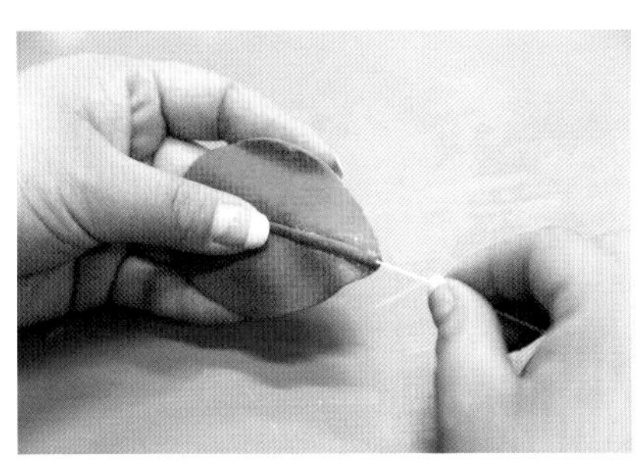

24 在花瓣脊背处穿入 26 号糖花专用铁丝，铁丝插入花瓣 2/3 的位置最佳。

25 用纹理压模压出花瓣纹理。注意铁丝一定要在纹理压模中间。

26 用球棒擀薄花瓣边缘。

27 花瓣用牙签卷出花边后，在花朵根部用糖花胶带固定，同时用手塑形，让每片带花茎的花瓣底部伏贴于花朵。为了让花瓣更自然，塑形时可以在手心压出弧度，也可以借助纸巾晾花环对花瓣塑形。

28 准备 6 号带花茎的花瓣 8—12 片，自然围满花朵一圈。

29 花瓣全部组装完毕。

30 大红色的玫瑰花在上色时，只需要将色粉均匀地刷于整朵花上即可。

31 再加上玫瑰花萼片以及玫瑰花叶片，一朵漂亮的仿真玫瑰完成。

32 渐变色玫瑰。只需要花朵是一个颜色，色粉为另一个颜色。刷色时，将色粉刷于花瓣的顶端位置，花心、花瓣边缘以及卷边位置色彩略重。刷色完成后，可使用糖花专用蒸汽晕染机轻喷一层水雾，使糖花的颜色过渡更真实。

33 制作完成后的渐变色仿真玫瑰。

五瓣花

Tips：五瓣花可以延伸为四瓣花、六瓣花等，也可以变形为樱花、迎春花、茉莉花等。

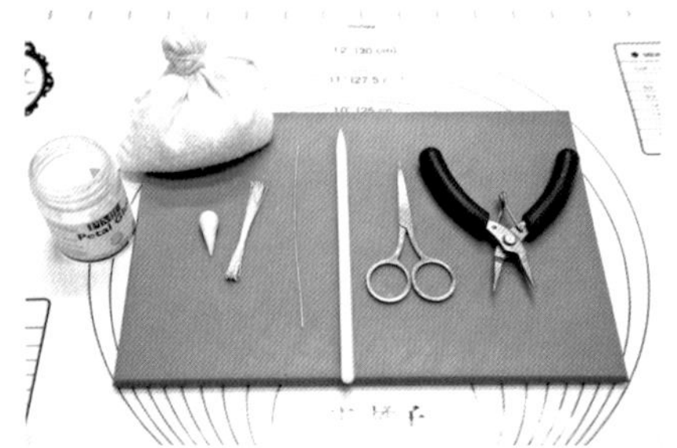

1 准备工具：万用白棒、糖花剪刀、26 号糖花专用铁丝、糖花专用花蕊。

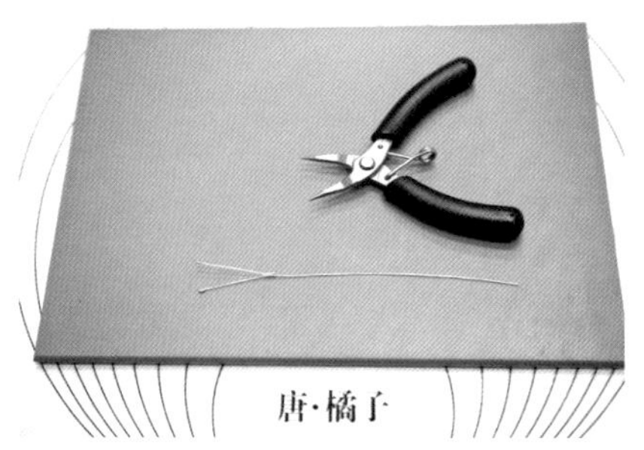

2 将花蕊对折，将糖花专用铁丝对折后钩住花蕊的中间位置，用钳子夹紧。

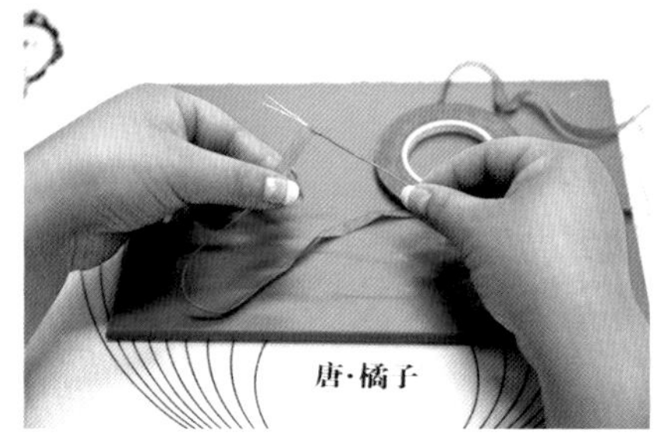

3 用糖花胶带固定，注意糖花胶带要缠住花蕊的白线部分的根部，如此操作可以使花蕊更为集中。

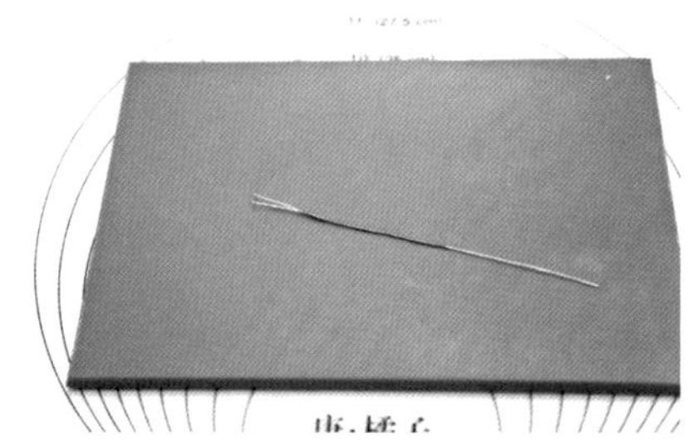

4 铁丝也用糖花胶带缠好。

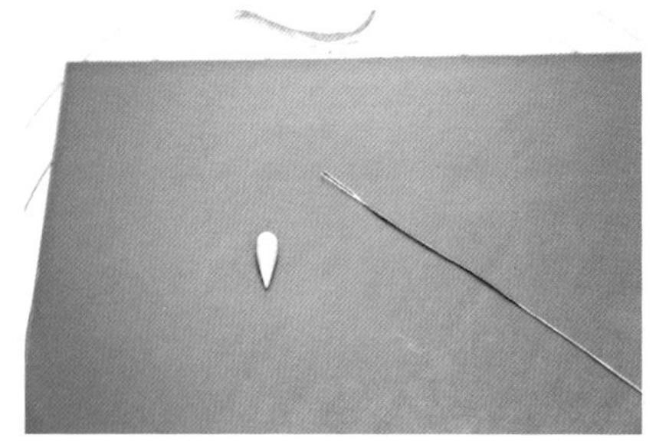

5 取一小块糖花专用干佩斯，搓成水滴状。

6 用糖花剪刀将干佩斯剪开为一大一小两部分。

7 将糖花专用干佩斯较小的部分用糖花剪刀从顶部剪开。

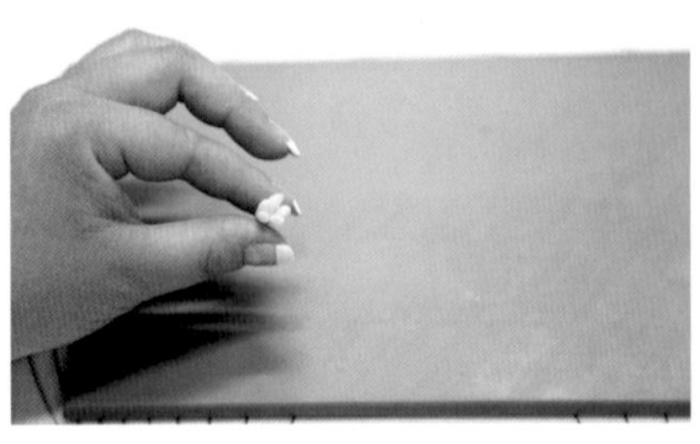

8 把糖花专用干佩斯较大的部分用糖花剪刀从顶部剪为均匀的 3 份。

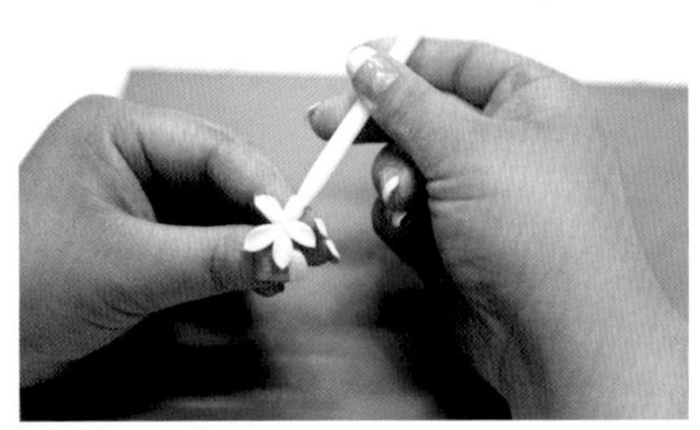

9 用万能白棒在食指侧边逐片擀薄花瓣。

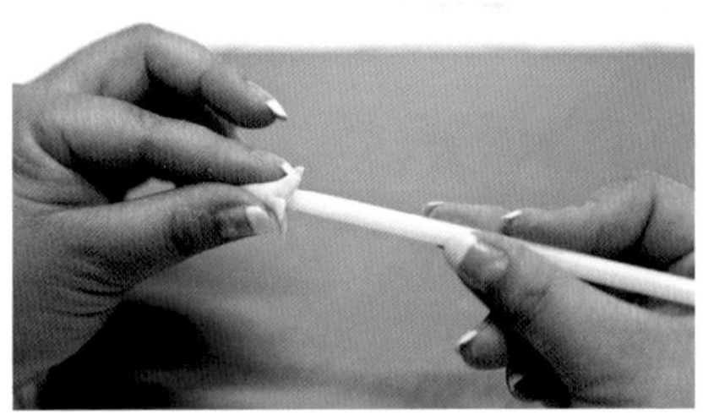

10 将万能白棒插入花心的 1/3 处，手指轻捏花瓣塑形。

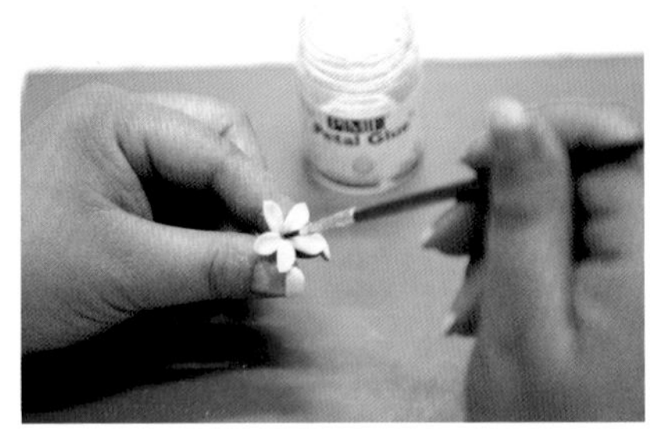

11 将少量糖花胶水涂抹于花心中间。

12 插入花蕊。

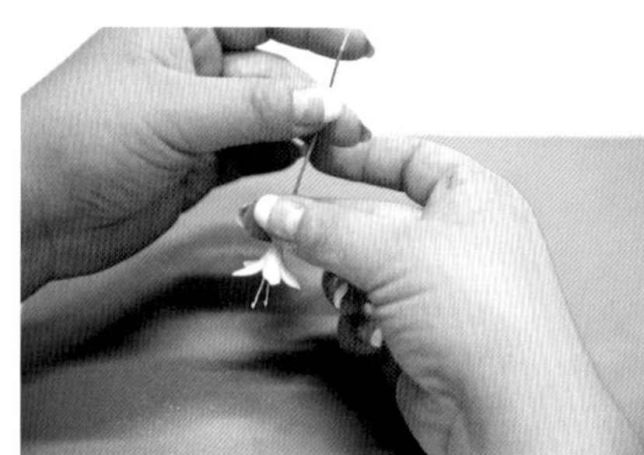

13 在花朵和铁丝的交会处收口。

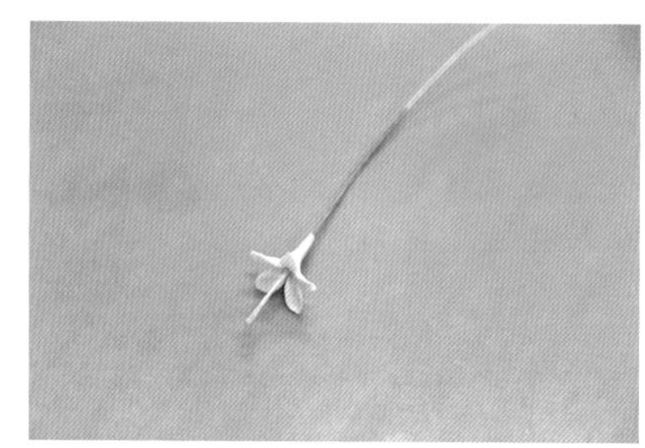

14 五瓣花基本完成。

15 在花心中间刷上色粉。

16 五瓣花全部完成。

墨西哥帽花萼片

Tips：此款花萼片主要使用墨西哥泡沫垫制作。用此泡沫垫制作出的糖花专用干佩斯的形状酷似墨西哥传统帽子，故得名。此款花萼片的制作方法还适用于小苍兰、樱花等的制作。

1 准备工具：墨西哥泡沫垫、萼片切模、糖花塑形棒、糖花／叶片塑形棒。

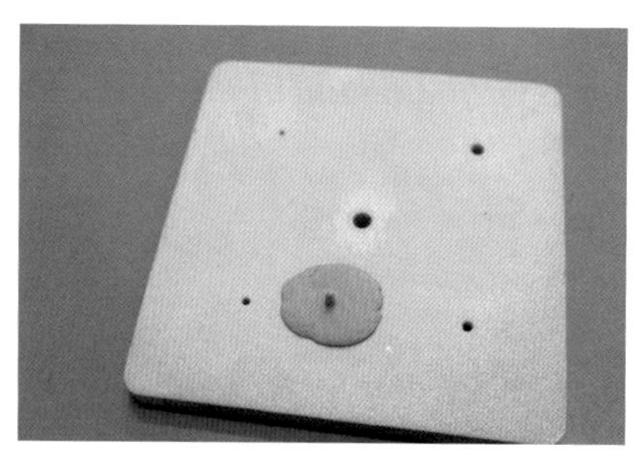

2 将糖花专用干佩斯搓成水滴形，在墨西哥泡沫垫上找一个略小的洞，插入水滴形干佩斯后摁平。

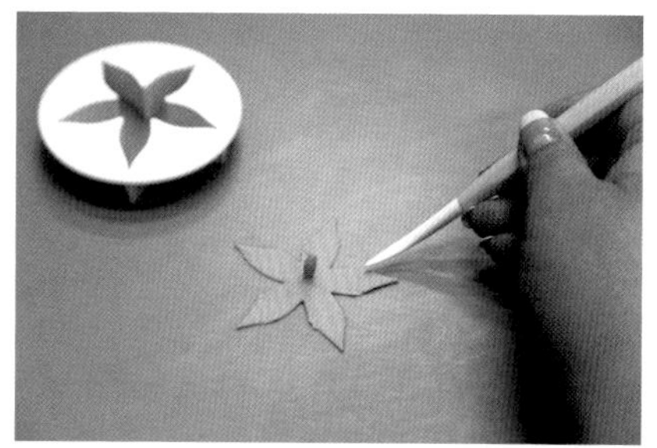

3 避开干佩斯的鼓起处，擀薄干佩斯。用萼片切模切出萼片形状后，再用糖花/叶片塑形棒的细头脊背处在每个小萼片的边缘切小刀口。

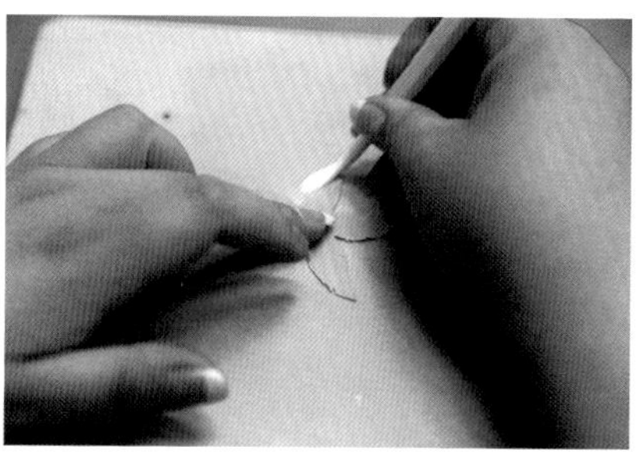

4 在墨西哥泡沫垫上用糖花／叶片塑形棒的粗头擀薄萼片边缘。

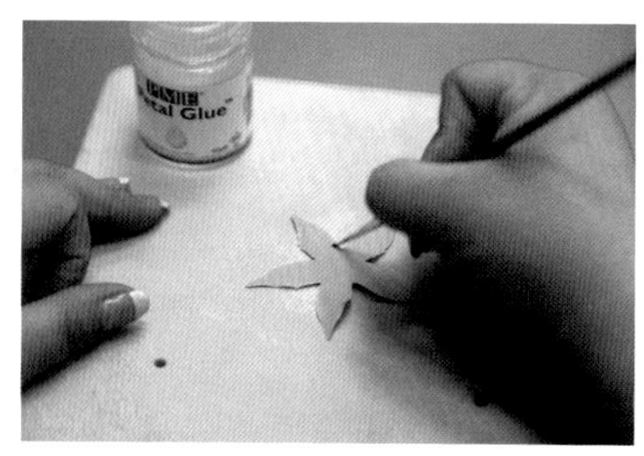

5 在萼片边缘涂抹少量糖花胶水。

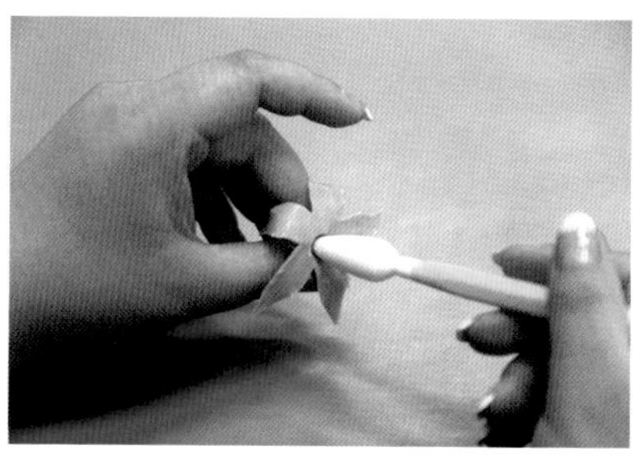

6 将糖花塑形棒插入萼片中心1/3处，用手轻捏萼片外侧，塑造出锥形。

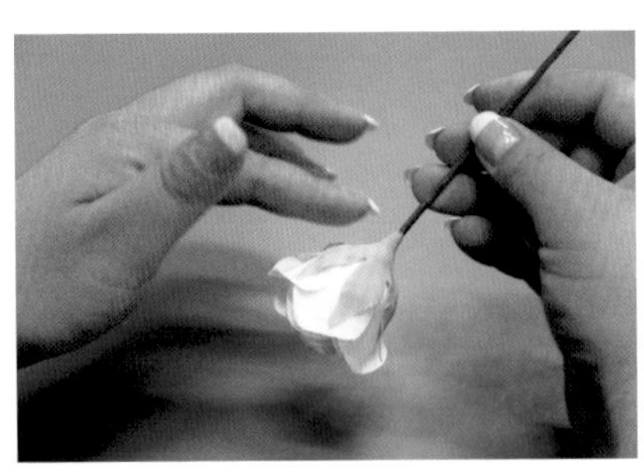

7 将萼片组装在花朵上，轻摁使萼片伏贴。

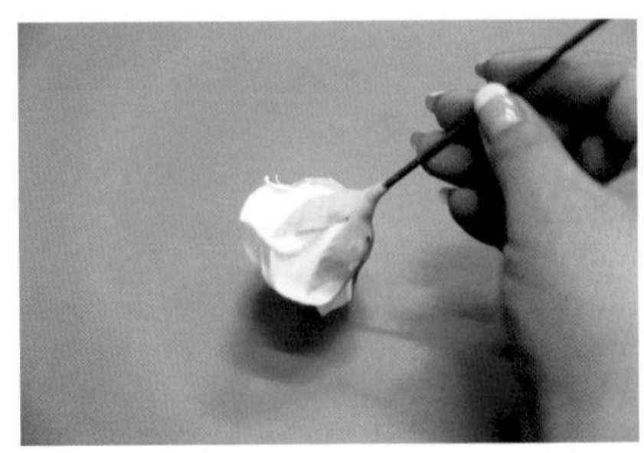

8 刷上色粉后，一个墨西哥帽花萼片就制作完成了。

糖花萼片

1 将糖花专用干佩斯擀薄，用萼片切模切出萼片形状。

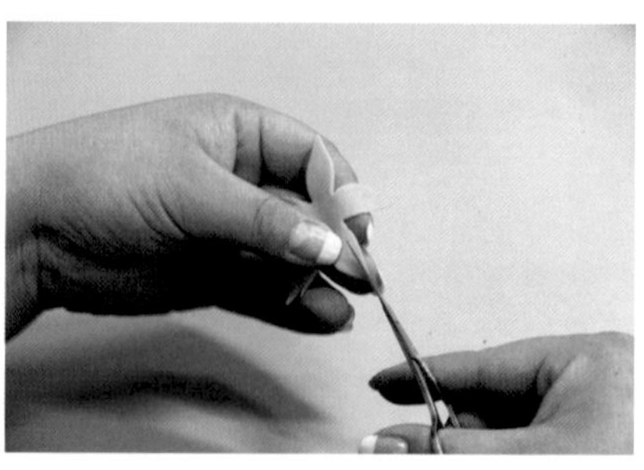

2 用糖花剪刀沿萼片边缘剪边。

3 把剪好边的萼片在泡沫垫上用球棒擀薄。

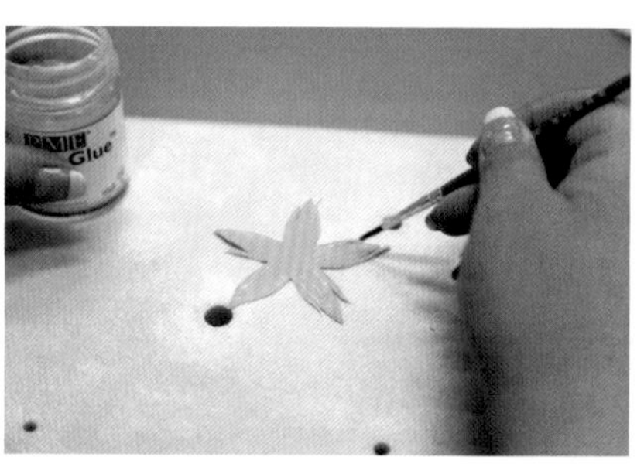

4 在萼片的边缘位置涂抹少量糖花胶水。

5 将花朵由萼片中心插入。

6 用糖花胶带缠绕花朵下方的铁丝，直至和真实的枝干粗细相同。

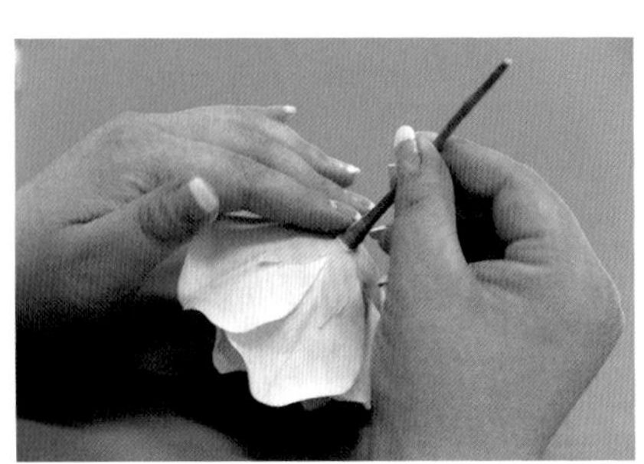

7 轻摁萼片，使其贴合最外层花瓣。

8 完成后的萼片可以刷绿色色粉，让其颜色更为真实，同时用大红色色粉在萼片边缘轻点几个点，给萼片营造出仿旧效果。

尤加利叶片

Tips：制作翻糖蛋糕时，我们经常会用尤加利这种有长度的叶子在蛋糕上起到“拔高”的效果。糖花制作时，有些花瓣是相似的，选择切模和纹理压模的时候，也是可以共用的，就像尤加利叶片和绣球花花瓣相似，叶脉纹理和格桑花相似。本次制作的尤加利就是选用的绣球花花瓣切模、格桑花叶脉纹理。

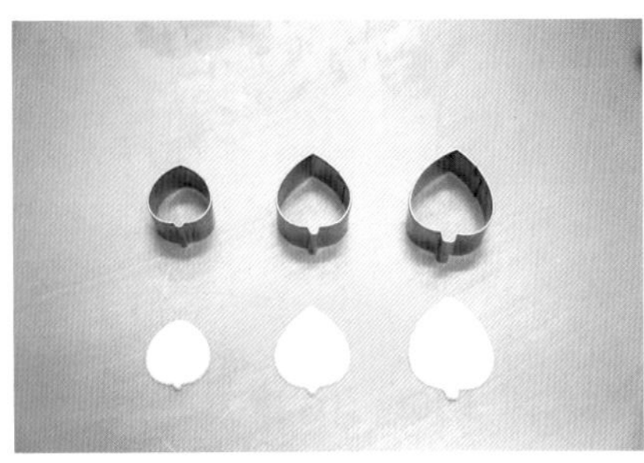

1 准备工具：尤加利切模、尤加利硅胶叶脉纹理压模、26 号糖花专用铁丝、花茎板、球棒。

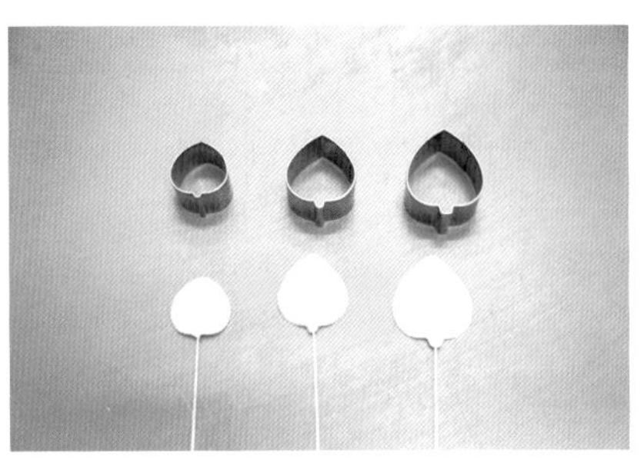

2 在花茎板上擀薄叶片，用切模切出 2 片大号叶片、4 片中号叶片、5 片小号叶片。

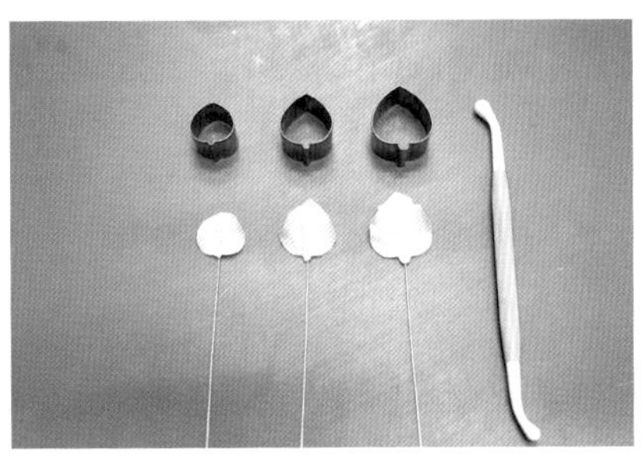

3 在叶片的脊背处穿入 26 号糖花专用铁丝，压出纹理。将叶片在糖花泡沫垫上用球棒擀薄边缘，制作出自然的波浪效果。

4 在叶片中央轻扫桉树绿色色粉。

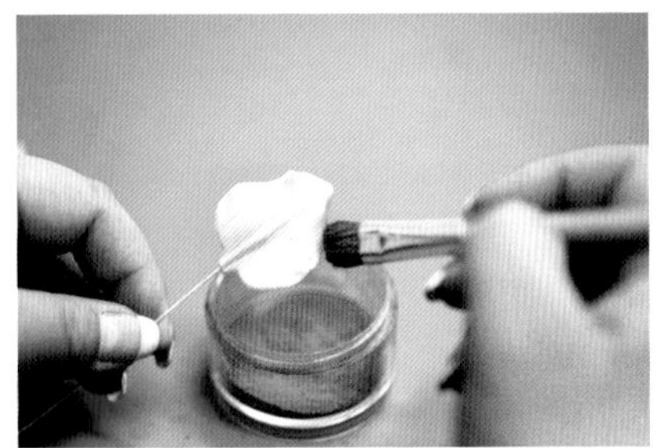

5 在叶片边缘位置选择一个点，刷红色色粉。

6 把大小号叶片全部晾干、上色，备用。

7 小号叶片 3 片，一片在顶部，另两片相对，用糖花胶带固定。

8 再取 2 片小号叶片相对，和上一层叶片十字交错，用糖花胶带固定。

9 一串尤加利叶片由 5 片小号叶片、4 片中号叶片、2 片大号叶片组成。除顶端外，其余叶片由小到大，相对摆放，十字交错，用糖花胶带固定。

玫瑰叶片

Tips：美丽的花朵需要绿叶搭配，糖花也不例外，叶片的出现可以更加凸显糖花的美。自然界的树叶没有两片是完全一样的，所以大家在制作叶片的时候可以有创意地塑形。

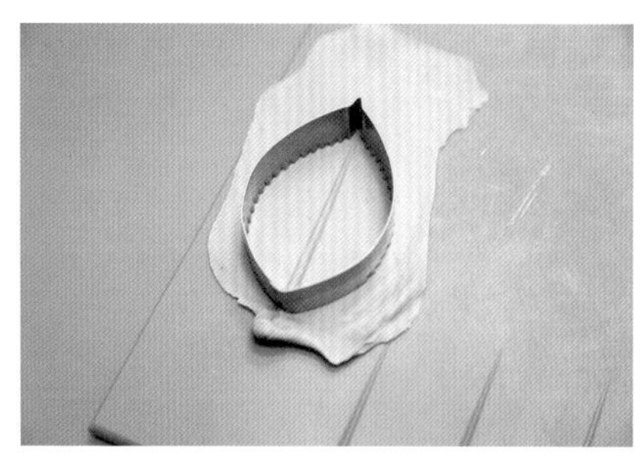

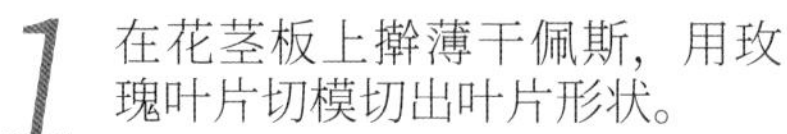

1 在花茎板上擀薄干佩斯，用玫瑰叶片切模切出叶片形状。

2 将 26 号糖花专用铁丝穿入叶片 2/3 处。

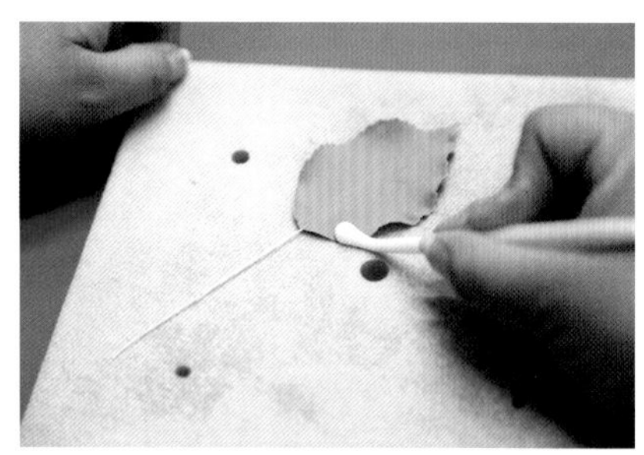

3 在墨西哥泡沫垫上用球棒擀薄叶片边缘，塑造出你想要的叶片形态。

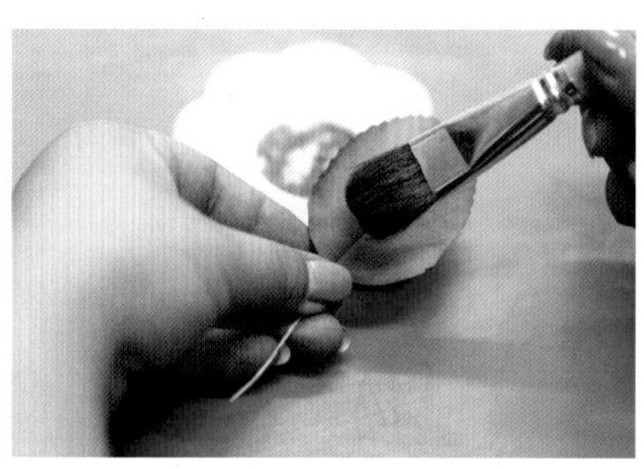

4 将绿色色粉刷在叶片正面，背面轻扫色粉即可。

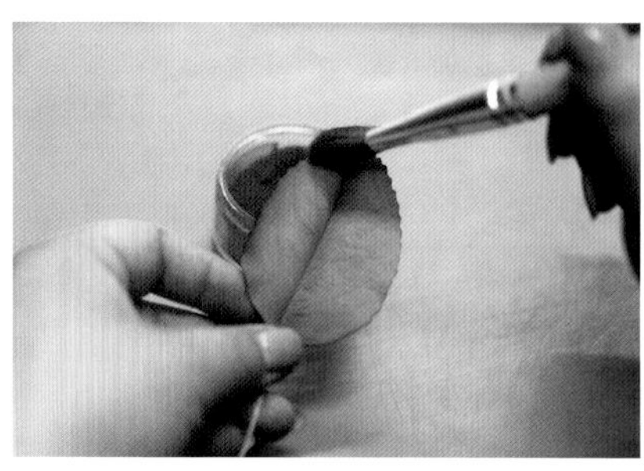

5 选择叶片边缘处的几个点，刷少量红色色粉，营造出叶片的仿旧效果。

6 两种型号的叶片制作完成。

7 顶端大号叶片，下方左右两边均为小号叶片，用糖花胶带固定，玫瑰叶子就制作完成了。想让你的玫瑰花叶片更加真实自然，可以用蜡烛烧热 2 号糖花专用铁丝，点于叶片之上，做出虫眼效果。

银叶菊叶片

Tips：银叶菊叶片是一款百搭的叶片。在装饰翻糖蛋糕的时候，可以搭配糖花，让糖花不再单调。

1 准备工具：花茎板、银叶菊切模、银叶菊硅胶叶脉纹理压模、26 号糖花专用铁丝、球棒。

2 在花茎板上擀薄干佩斯，在叶片脊背处穿入 26 号糖花专用铁丝。压出叶脉纹理。

3 用球棒在糖花泡沫垫上擀薄边缘，并擀出叶片的波浪质感。可用手塑形，让叶片更自然。

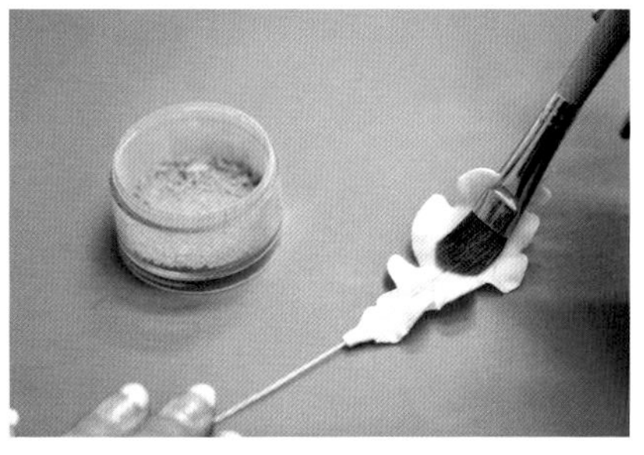

4 在叶片中央轻扫色粉。

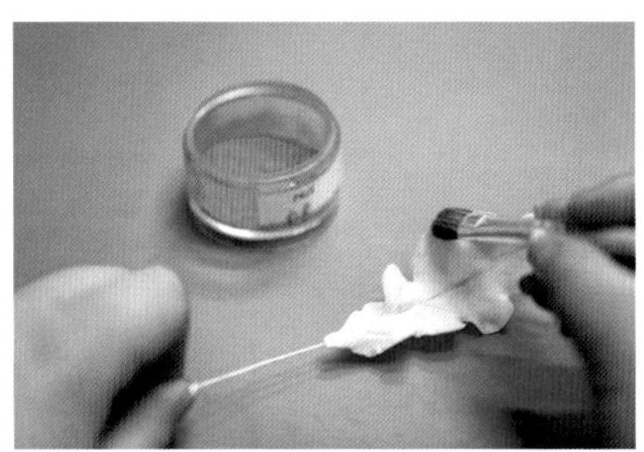

5 在叶片的边缘位置任意选择几个点，刷红色色粉，制作出叶片的仿旧效果。

6 用不同的银叶菊切模制作出的银叶菊叶片。

甜品制作打卡单

学会一种新甜品，就打上小勾勾

- [ ] 酥酥小曲奇

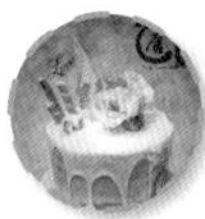

- [ ] 日式海绵蛋糕

- [ ] 红丝绒杯子蛋糕

- [ ] 柠檬磅蛋糕

- [ ] 流心泡芙

- [ ] 焦糖布蕾

- [ ] 巧克力甘纳许

烘焙篇

□ 香杧芝士慕斯

慕斯淋面技巧 □

□ 慕斯喷砂技巧

少女冰激淋 □

□ 法式软糖

玛德琳 □

和自己做个甜蜜的约定，
今年把它们全部学会哟！

甜品制作打卡单

□ 马蹄莲

□ 银莲花

□ 姑娘果

□ 牡丹

□ 大丽花

□ 快速玫瑰

□ 毛茛

□ 大卫·奥斯汀玫瑰

□ 小型蝴蝶兰

□ 蓝莓

□ 仿真玫瑰

翻糖篇

□ 五瓣花

□ 墨西哥帽花萼片

□ 糖花萼片

□ 尤加利叶片

□ 玫瑰叶片

□ 银叶菊叶片

□ 卡通树桩猫头鹰人偶

□ 糖王周毅制作古风人偶

□ 翻糖蛋糕糖皮包覆技巧及抹面奶油霜制作方法

□ 翻糖杯子蛋糕装饰技巧及黄油杯子蛋糕制作方法

□ 翻糖饼干及超平面黄油饼干制作方法

第二章

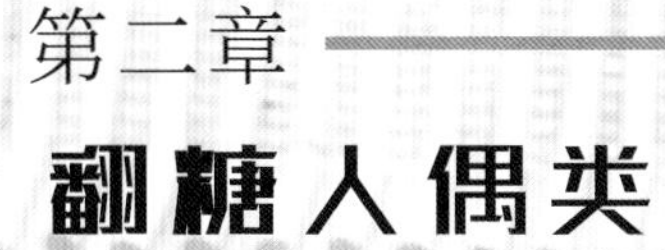

第一节 人偶制作工具

第二节 人偶制作技巧

卡通树桩猫头鹰人偶

特邀人偶大师—— 糖王周毅制作古风人偶

第一节
人偶制作工具

笔类 4 支

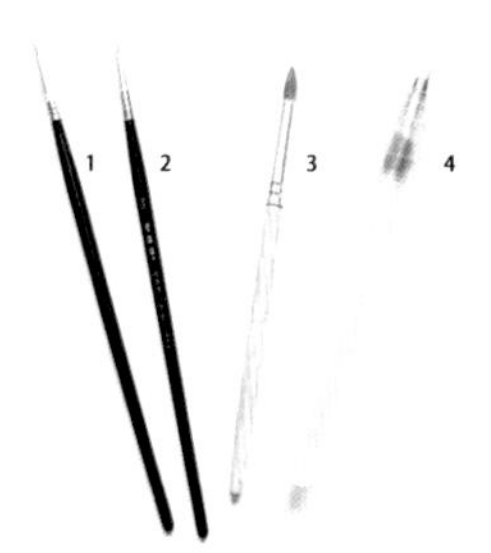

❶ 小号勾线笔：用于绘制人偶眼睛、服装纹饰等精细部位。推荐品牌：Skyists 新概念 120S 号面相笔，貂毛材质，笔毛较软，价格略高。新手也可选择谢德堂最小号勾线笔，尼龙材质，虽吸水效果不如动物毛笔，但弹性强，笔毛没那么容易散开，比较适合没怎么拿过毛笔的新手来练习，价格不高。

❷ 中号勾线笔：眉毛、瞳孔、嘴部的绘制一般会用到比最小号大一号的中号勾线笔。

❸ 色粉刷：选择很多，只要选择细软、蓬松、易于上色的毛质即可。

❹ 涂胶水笔：选择笔头较小的型号即可。推荐 SAKURA 樱花储水毛笔小号款。

压痕棒 2 支

一般压痕棒是按套买的，一套 5 支。如果做小型手办类人偶，选 2 支最小号的即可。
❺ 压痕棒（1 号）：多用于嘴部、眼部定位，鼻孔、嘴角的细节刻画。
❻ 压痕棒（2 号）：多用于面部人中和嘴部磨平。

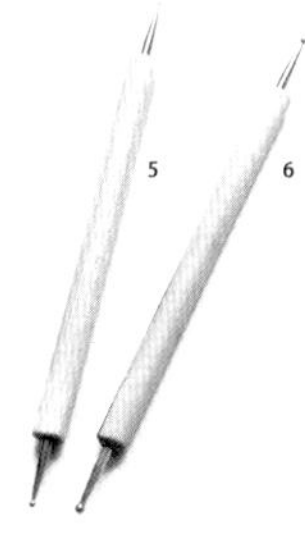

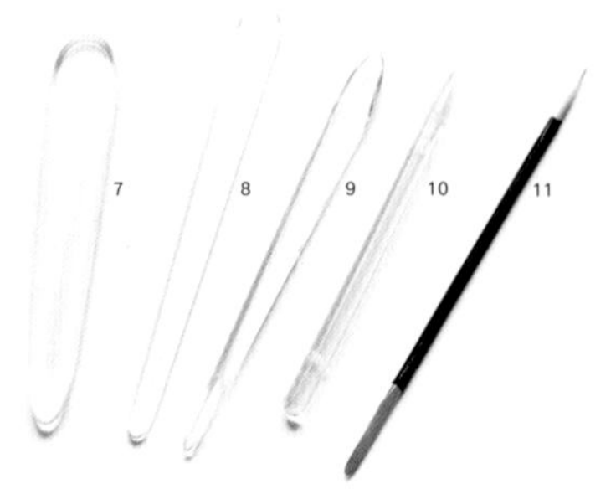

面部塑形工具 5 个

❼ 大号主刀：面部塑形最常用的工具。

❽ 小号主刀：细小处塑形用。

❾ 开眼刀：开眼、面部塑形都会用到，也可以制作衣褶，也是常用的工具之一。

❿ 圆头塑形棒：眼部定位用，身体塑形也会用到。

⓫ 金属开眼刀：名字虽为开眼刀，但人偶从上到下很多部位都会用到它，在嘴角、发丝、服饰和各种道具上都会发挥神奇的作用，在之后的教程中会给大家着重介绍。

⓬ 小剪刀：在人偶制作时，需要用剪刀来修剪和处理毛边，在制作服饰时也很常用。

⓭ 翻糖刻刀：用于切割糖皮，尽量选择刀片锋利、质量有保证的刻刀。在使用时，用力方向始终要与刀刃方向一致，避免用蛮力左右晃动切割，钢质的特性是容易断裂，使用时要格外小心。

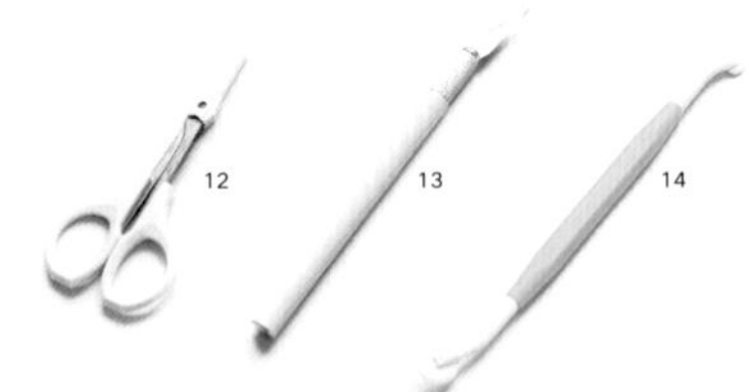

⓮ 双头小轮刀：分大小两头，多用于衣衫和弧度切割。

特别推荐

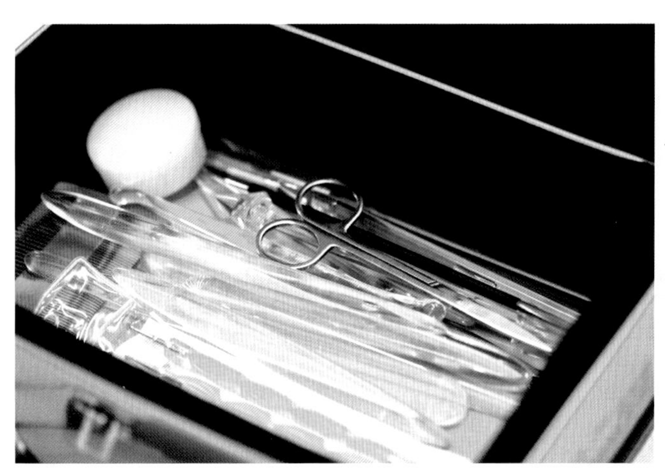

糖王周毅的人偶工具套装

套装包括了制作人偶时所需要的所有工具。一个套装在手，手工开脸、服装制作、发饰制作等都能得心应手。

人偶干佩斯、仙妮贝儿翻糖膏等

人偶干佩斯具有可多次重复塑形的特点，非常适合需要手工开脸的翻糖人偶。仙妮贝儿翻糖膏口味多种多样，其独有的大白兔奶糖口味尤其受消费者欢迎。

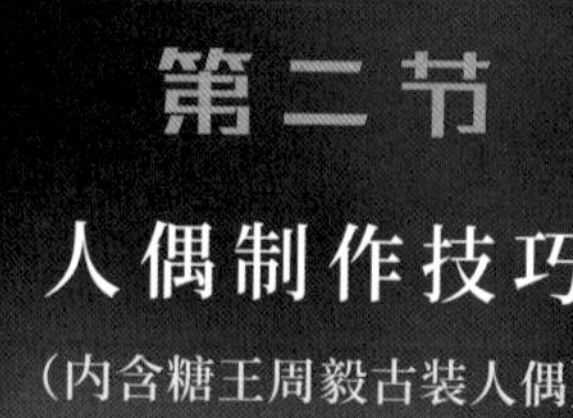

第二节

人偶制作技巧

（内含糖王周毅古装人偶）

卡通树桩猫头鹰人偶

1

用 2 号糖花铁丝制作十字形支架，用糖花胶带缠绕固定。取与十字形支架的下半段同等长度的翻糖膏，搓成长条状。

2

将十字形支架的下半段抹上糖花胶水，把长条状翻糖膏用美工刀切纵刀，深度为翻糖膏宽度的一半。将翻糖膏固定在支架上，涂抹清水，去掉接口。

3

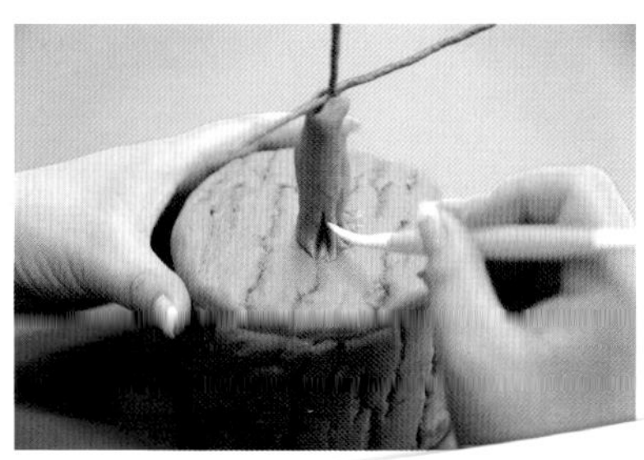

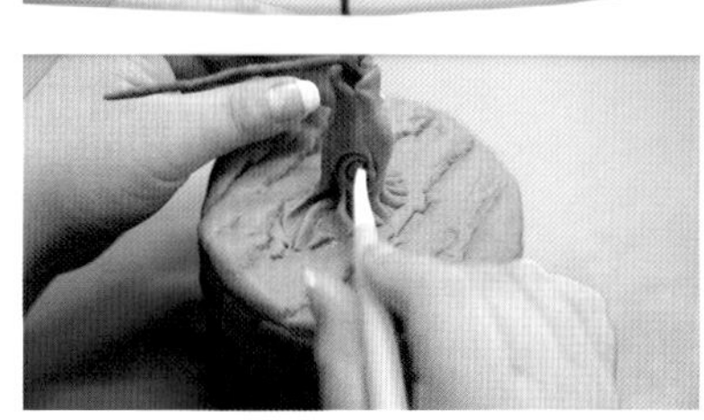

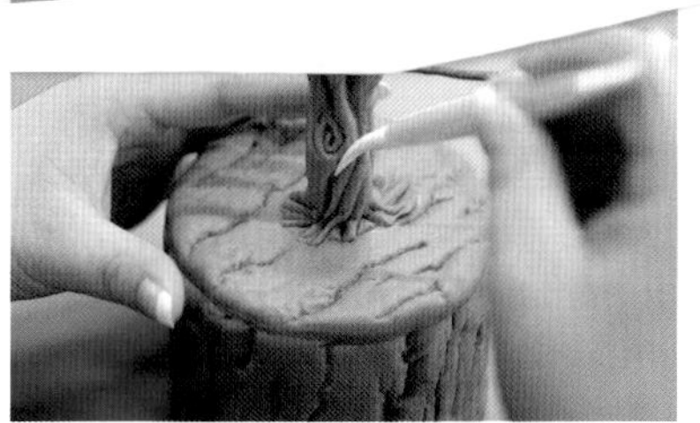

使用糖花叶片塑形棒的尖头部分刻画出树干纹路。注意刻画纹路的时候要有深浅区别，还可以用画圈的方式制作出树干的眼睛形疤痕。

4

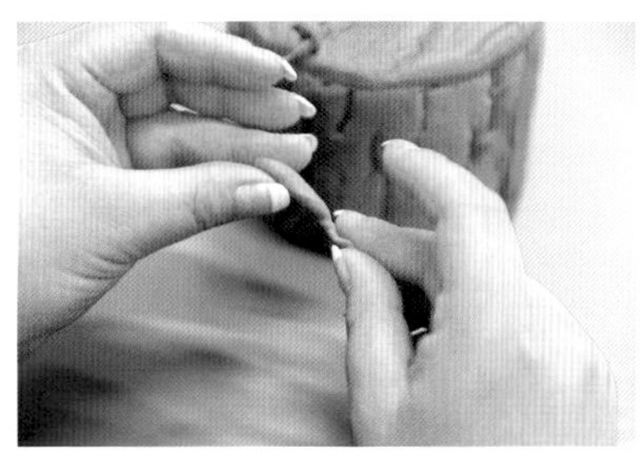

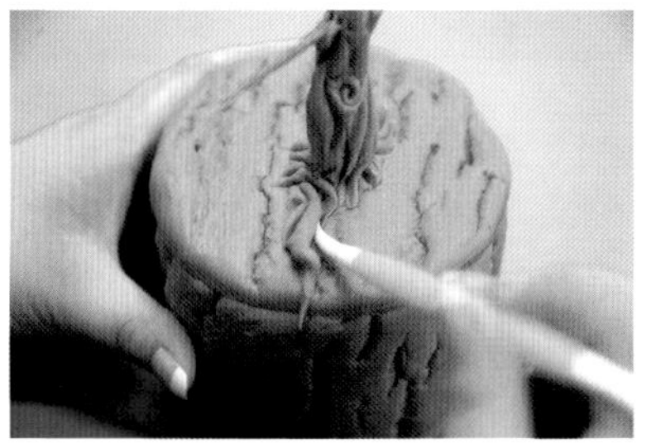

制作树根，首先取小块翻糖膏，搓成长水滴状后，拧成麻花状，再涂抹糖花胶水，固定在树干底部。糖花叶片塑形棒刻画出自然的树干纹理。

5

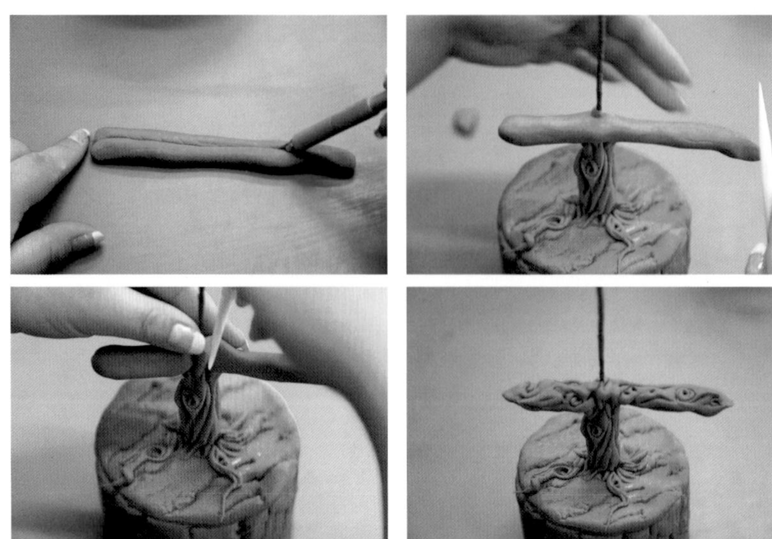

制作横向树干。糖花叶片塑形棒的尖头刻画树干纹路，在纵横连接处着重刻画树干纹路，淡化接头感。

6

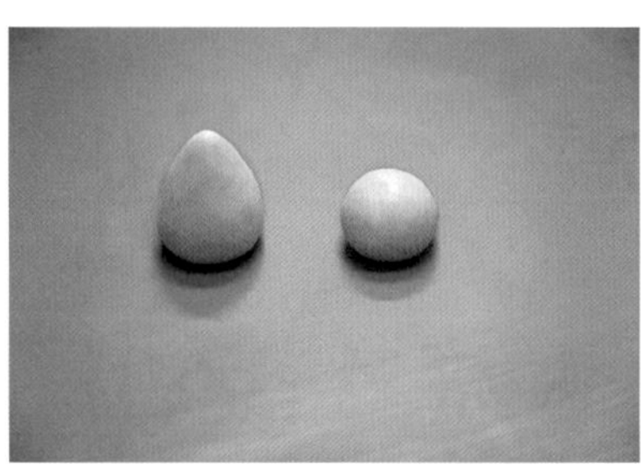

用紫色人偶干佩斯制作猫头鹰的头部及身体。头部为圆球形，直径为 4.5 cm；身体为胖水滴状，高度为 4.5 cm。

7

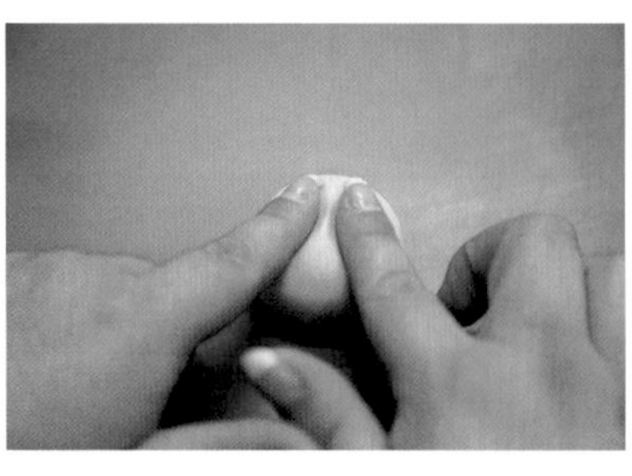

用食指指腹在头部正中间摁出眼窝。

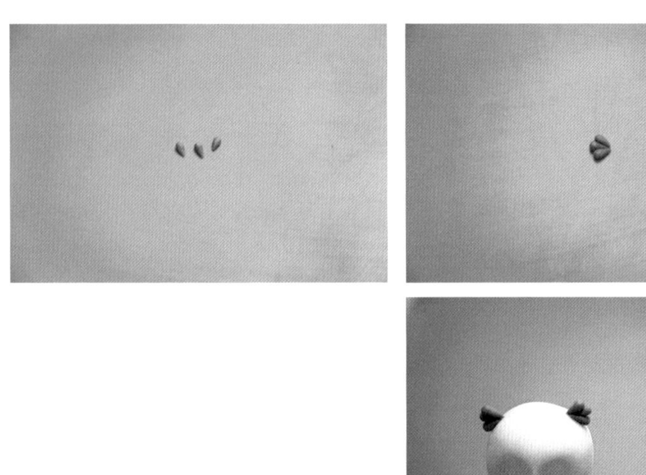

8

用人偶干佩斯搓出一大、两小共 3 个小水滴形，组合成头部羽毛，贴于头顶两侧。

9

制作猫头鹰的眼部。将人偶干佩斯搓成球后，摁压成椭圆形的片状。依次组装在一起后，用蓝色人偶干佩斯搓出长条形，围在白色部分的外圈。制作完成的眼睛贴于面部眼眶内，用蛋白霜点白点进行装饰。用黑色人偶干佩斯搓出眼睫毛，贴于眼睛上。

10

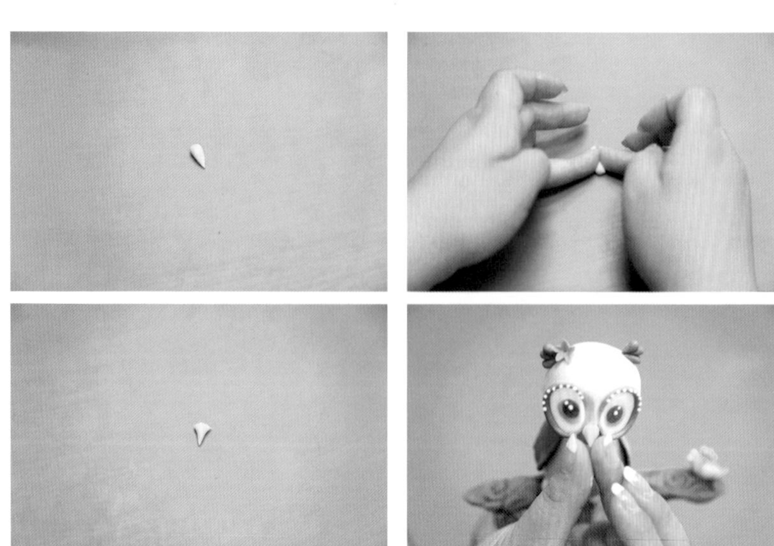

将黄色人偶干佩斯搓成水滴状，手指向内塑形为三角形的鹰嘴状，贴于两眼的中下方。

11

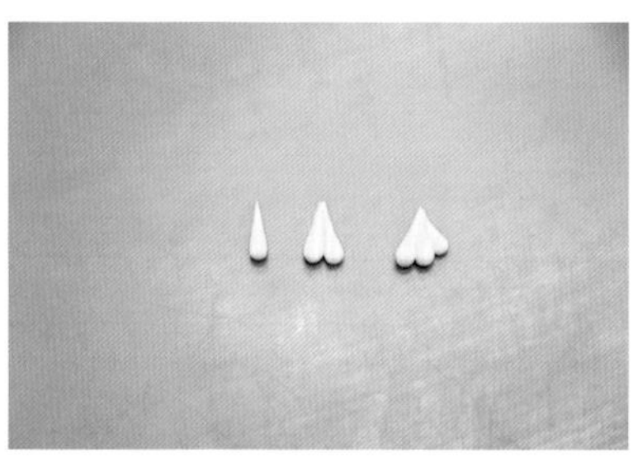

用黄色人偶干佩斯搓从小到大 3 个水滴，组合在一起做成猫头鹰的脚，贴于猫头鹰的身子下方。把猫头鹰的水滴状身子插于十字形支架上。

12

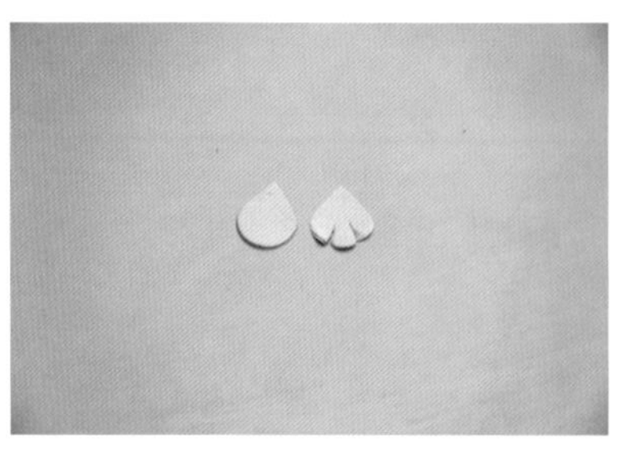

制作翅膀。把蓝色人偶干佩斯擀薄，用糖花水滴模具的最小号切出一对翅膀，在水滴形翅膀上切 2 刀，制造羽毛感。

13

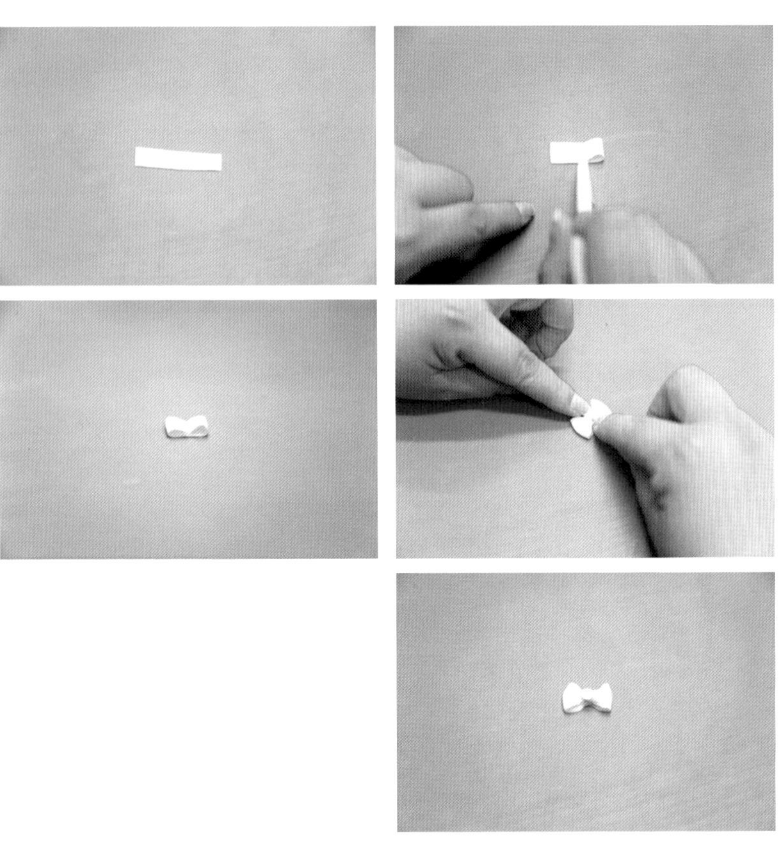

制作蝴蝶结，完成后贴于猫头鹰头部与身体的连接处。

14

将蓝紫色色粉刷于猫头鹰的颈部、翅膀。
卡通树桩猫头鹰人偶制作完成。

特邀人偶大师——
糖王周毅制作古风人偶

周毅古风人偶头部制作教程

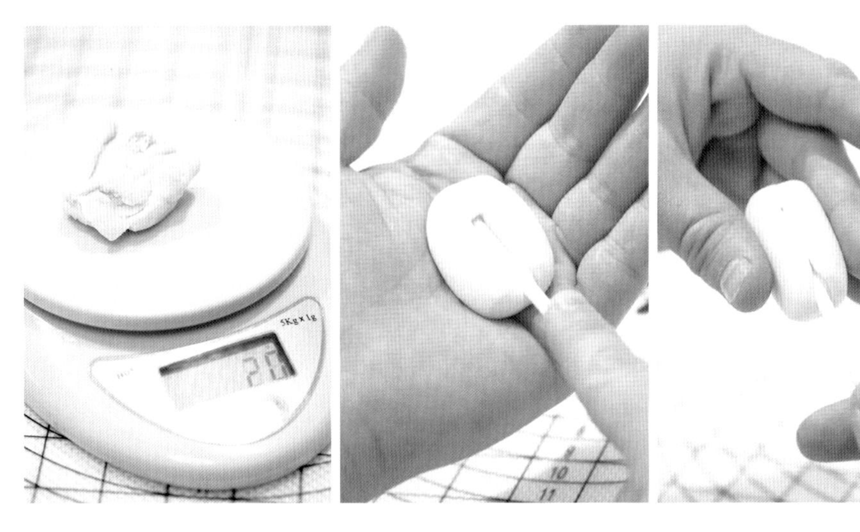

1 先称 20 克仙妮贝儿人偶干佩斯。

2 将纸棒向下压，使其包裹在人偶干佩斯里面。

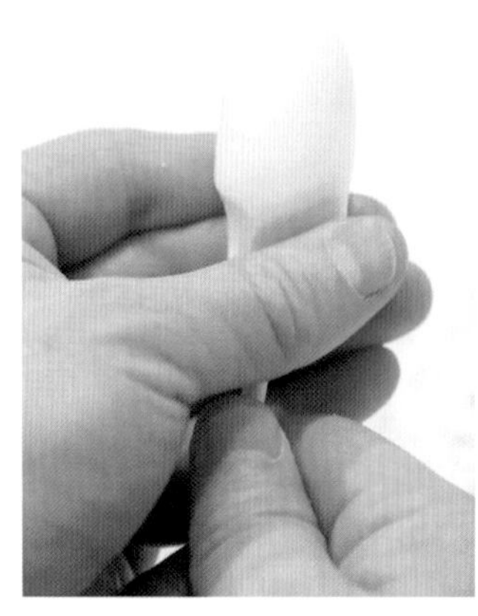

3 手指向下压出人物脸的形状，略带尖形。

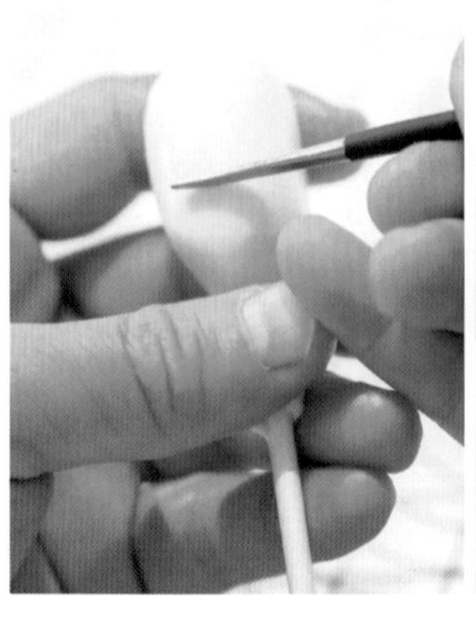

4 用金属开眼刀向下压出人物的三庭，三庭也就是从额头到眉心、从眉心到鼻尖、从鼻尖到下巴，三个距离等长。

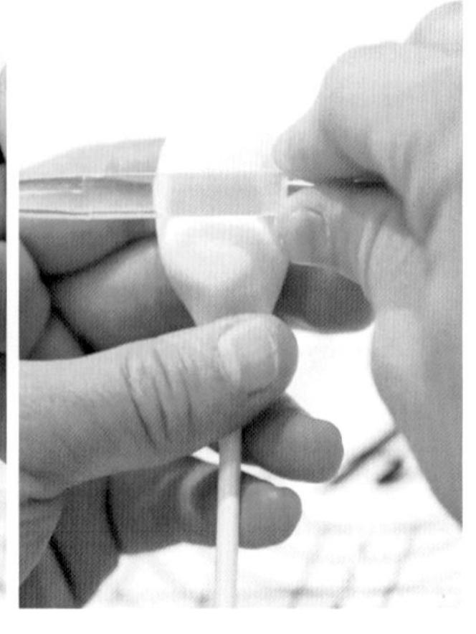

5 用圆头塑形棒在人物的中庭下压，形成弧度。

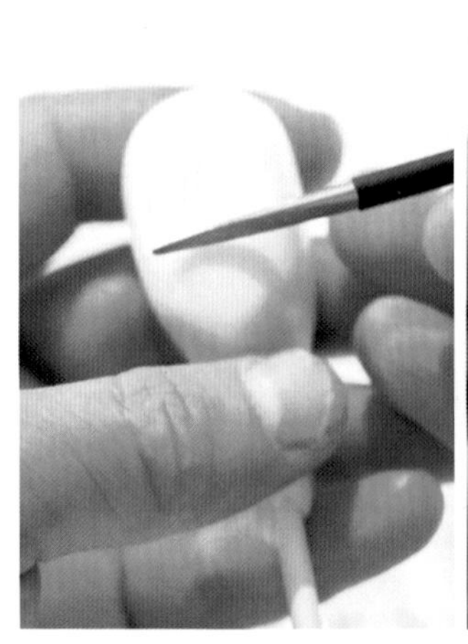

6 因为碾压后，金属开眼刀下压形成的痕迹会消失，所以用金属开眼刀再次确定三庭的长度。

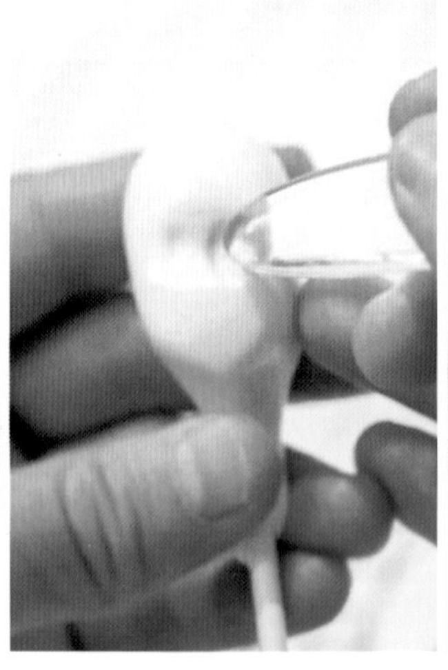

7 用大号主刀在人物的中庭下压，使人物的鼻子逐步明显起来。

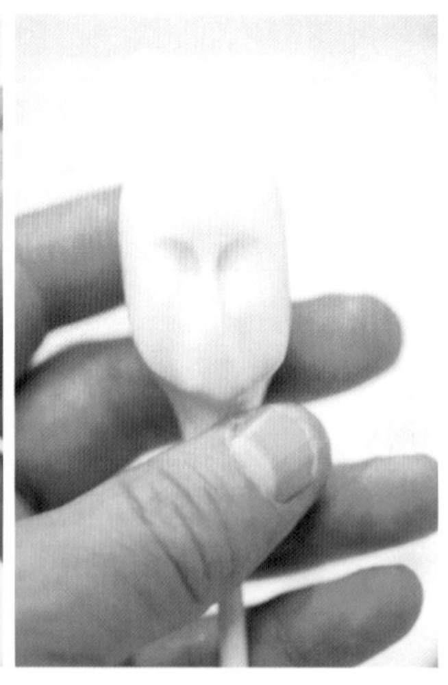

8 使用大号主刀开出人物的嘴部轮廓。

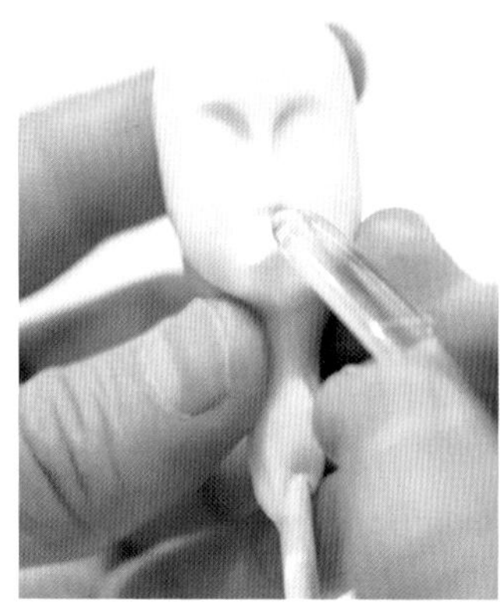

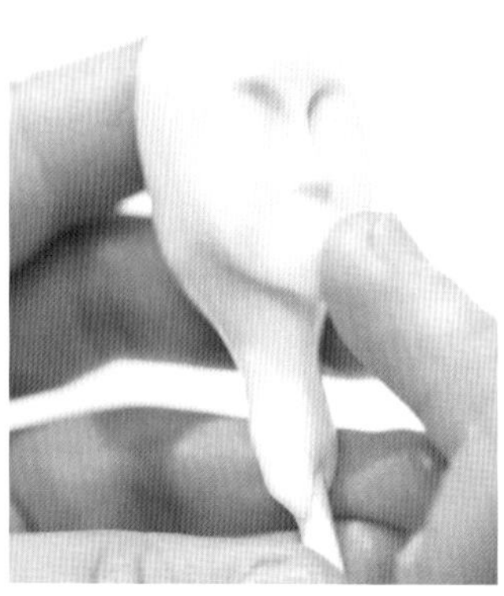

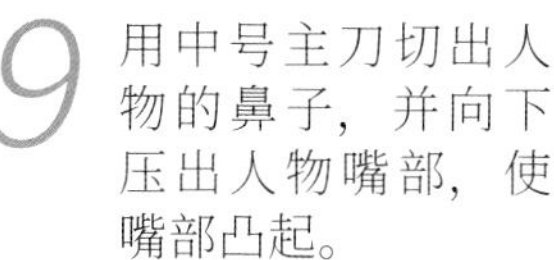

9 用中号主刀切出人物的鼻子，并向下压出人物嘴部，使嘴部凸起。

10 手指下压，使得人物的嘴部低于鼻头。

11 用大号主刀下压，使下巴形成，并使嘴部突出。

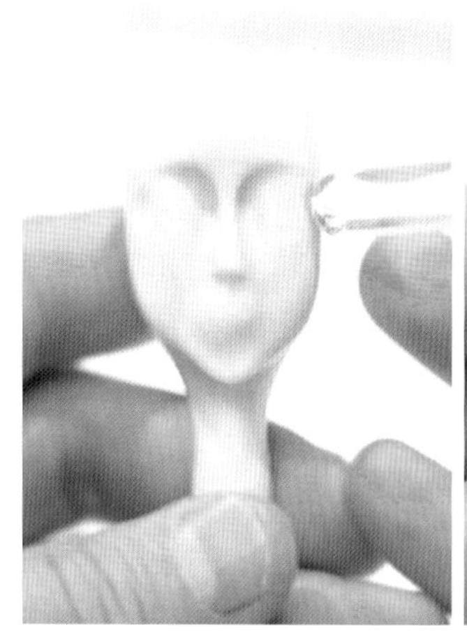

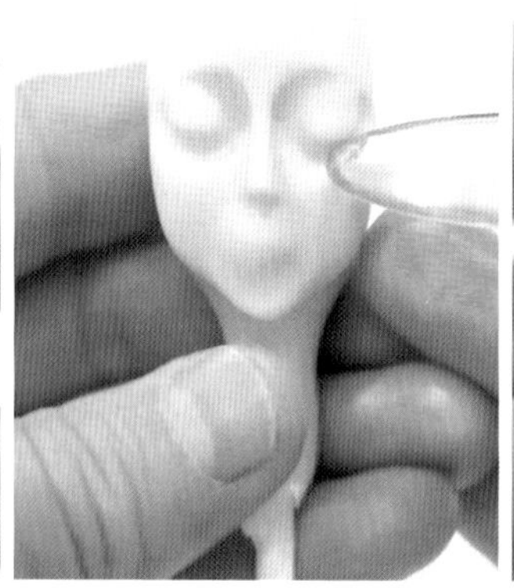

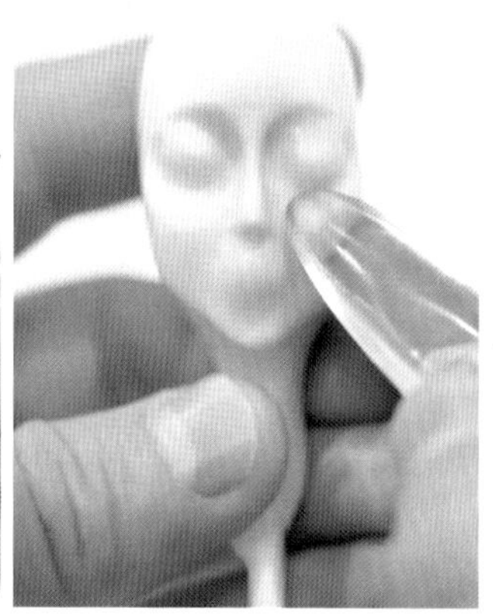

12 用圆头塑形棒的圆球面在人物眉毛以下的地方点压，这样就可以确定人物的眼睛间距了。

13 用大号主刀下压，使得眼部轮廓形成。

14 用开眼刀大头的圆面刻画出人物的脸颊。

15 修饰脸颊的形状，使其更自然。

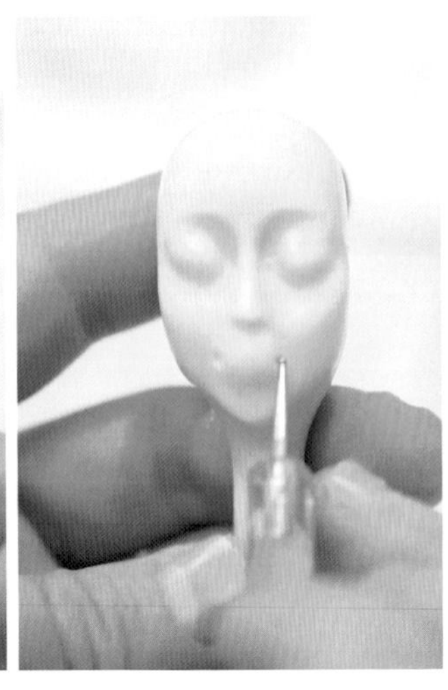

16 用压痕棒（1号）下压，确定出人物嘴巴的宽度。

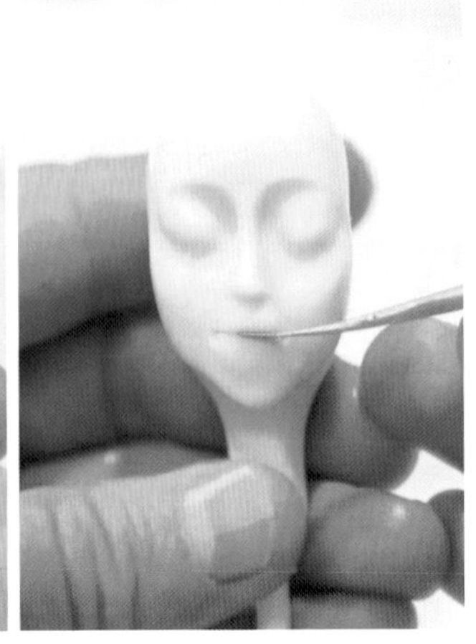

17 用金属开眼刀切出人物的嘴线。

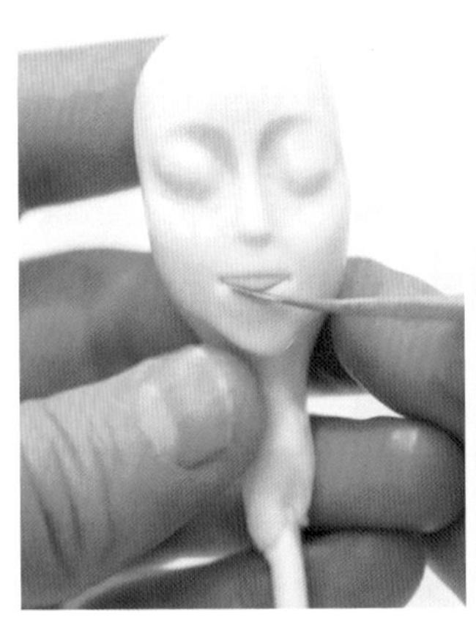

18 用金属开眼刀切出三角形。

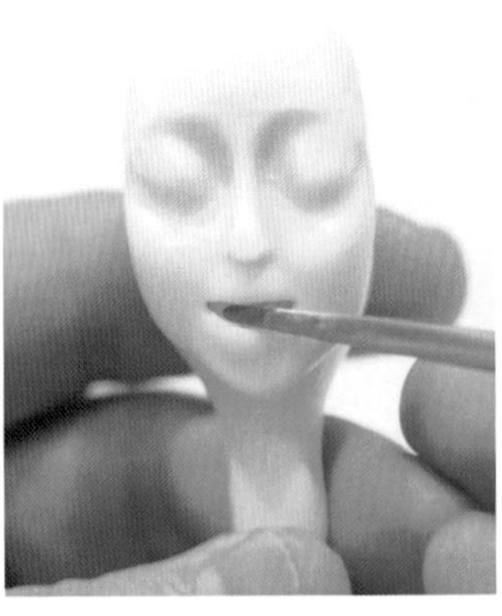

19 用金属开眼刀下压，使人物的牙齿部分下陷。

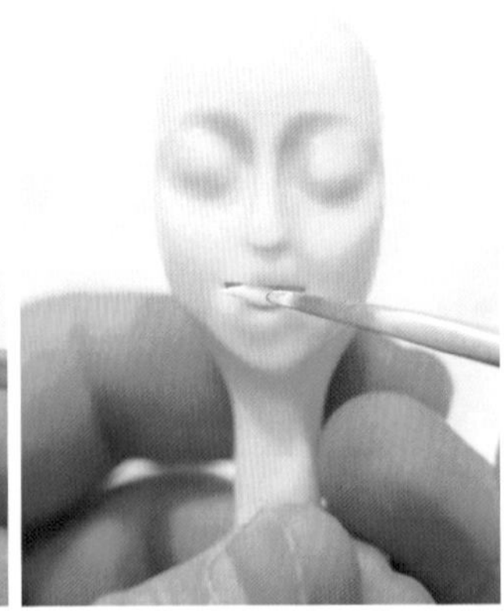

20 用金属开眼刀将白色的翻糖膏填充进人物嘴里。

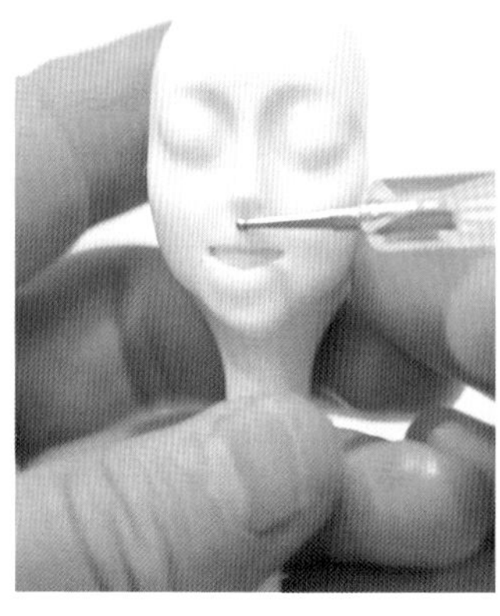

21 用压痕棒（1号）开出人物的人中。

22 用中号主刀向上推出人物的上嘴唇。

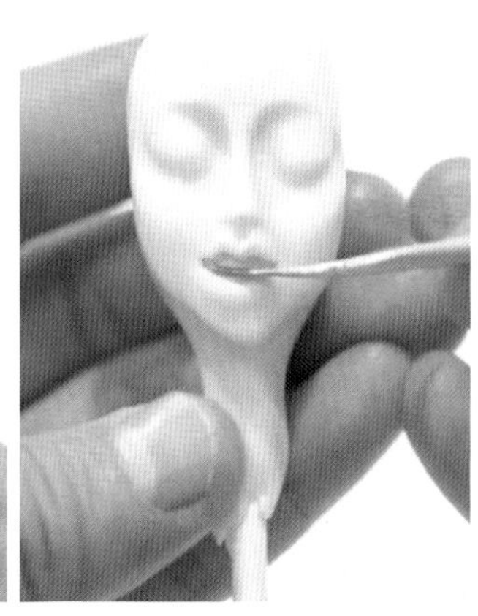

23 用金属开眼刀切出牙齿的分界线。

24 用中号开眼刀向上推出人物的下嘴唇。

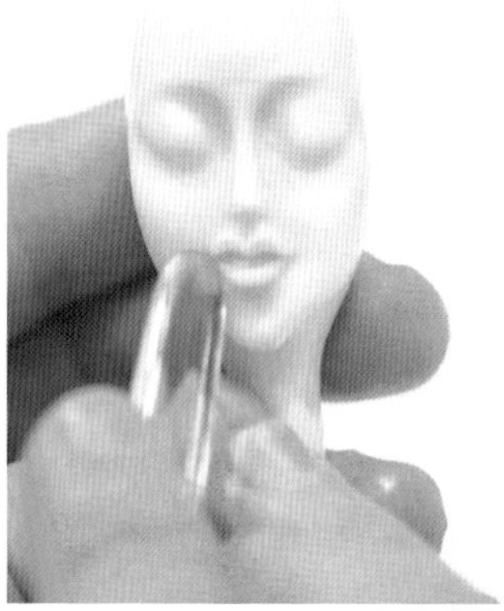

25 用小号开眼刀向上推出人物的上嘴角。

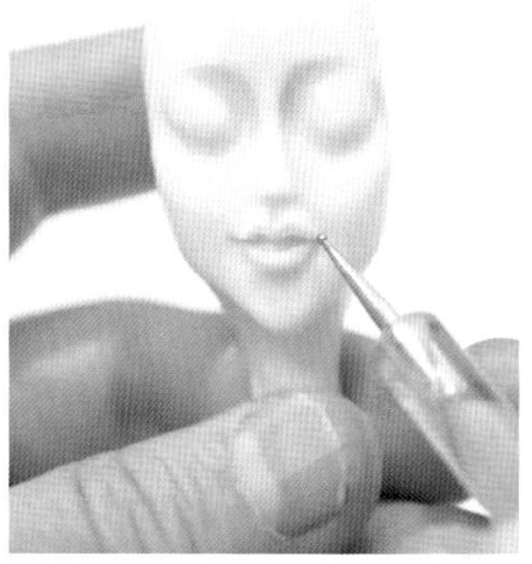

26 用压痕棒（1号）点出人物的嘴角，注意人物的嘴角要在唇线以上。

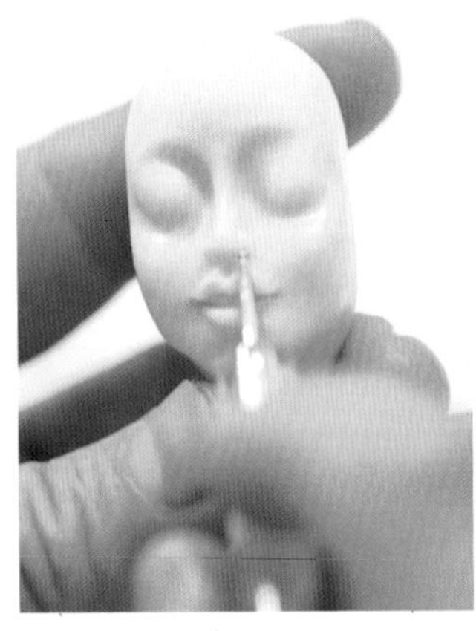

27 用压痕棒（1 号）开出人物的鼻翼。

28 用压痕棒（1 号）定出人物的眼睛长度，一定要满足五眼的需求。

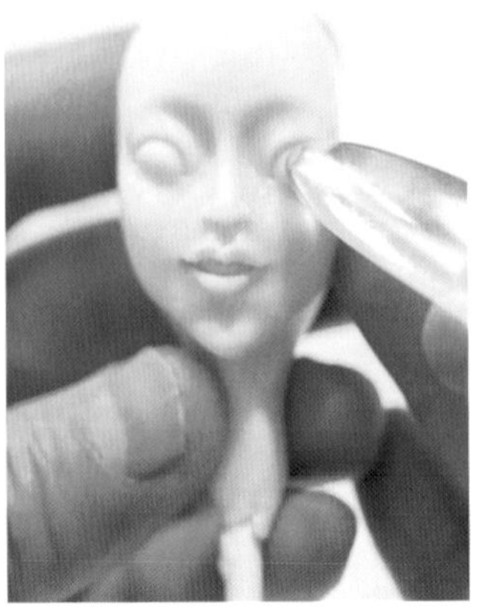

29 开眼刀的大头向上，推出人物的上眼皮。

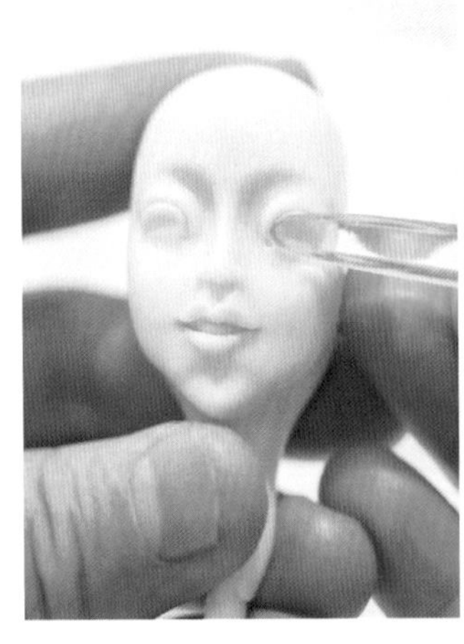

30 用开眼刀小头的圆面向下，压出人物的眼睛。

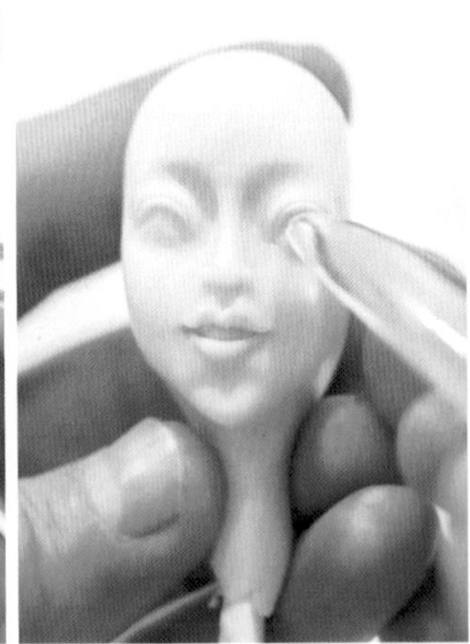

31 开眼刀的大头向上，加深人物的上眼皮。

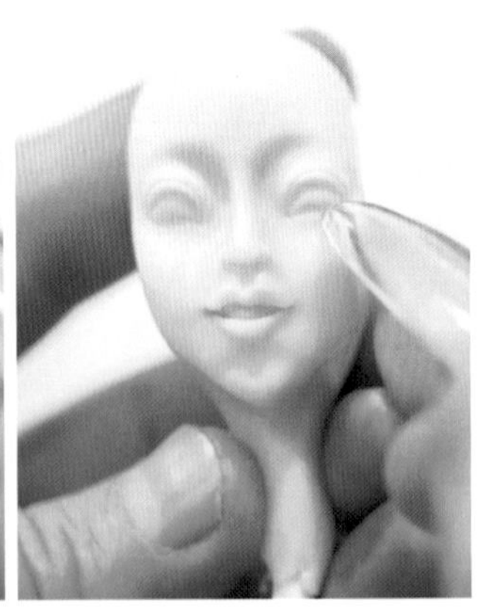

32 开眼刀平面向上，推出人物的下眼皮。

33 用金属开眼刀向下压出人物的眼球。

34 用金属开眼刀将白色的翻糖膏填入眼球表面，向下压平成型。

35 用开眼刀平面向上，压出人物的下眼睑。

36 用中号主刀向上推出人物的下眼睑的弧线。

周毅古装人偶面部妆容教程

1 取出人偶头部。

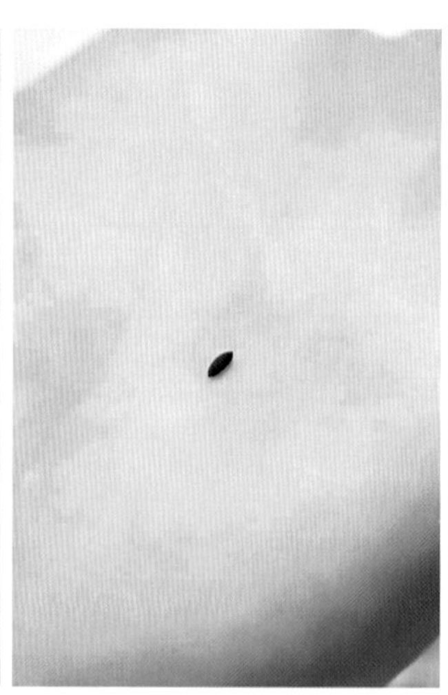

2 搓一小块黑色的翻糖膏。

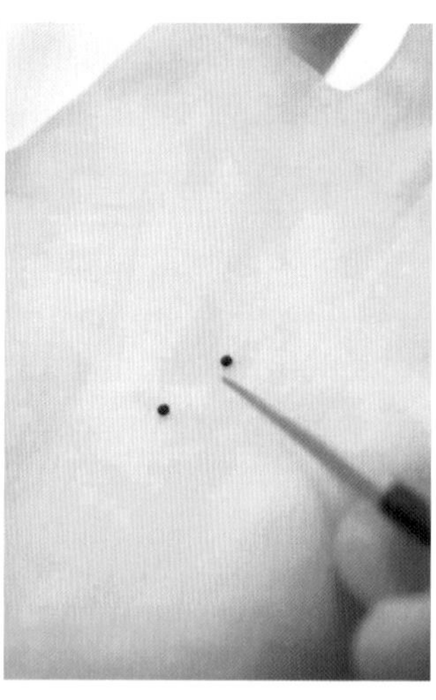

3 使用金属开眼刀将翻糖膏平分成两块。

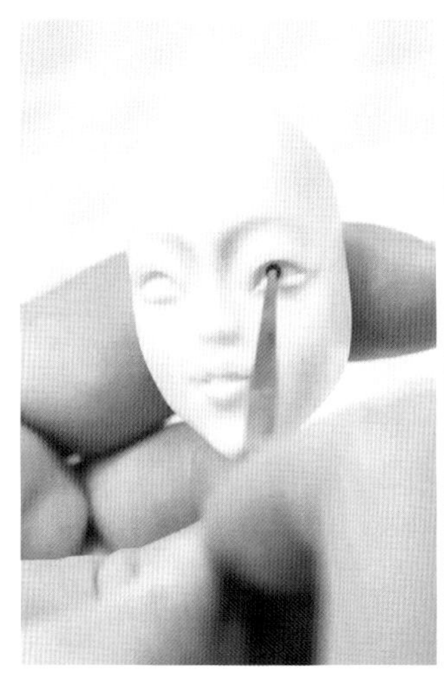

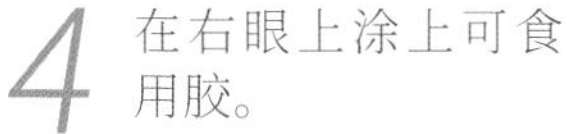

4 在右眼上涂上可食用胶。

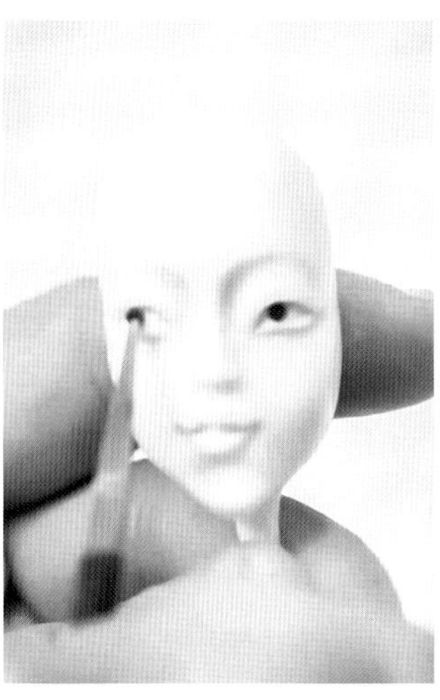

5 同理，在左眼也涂上可食用胶。

6 用金属开眼刀下压，将黑色的翻糖膏压扁。

7 将两个眼珠做好。

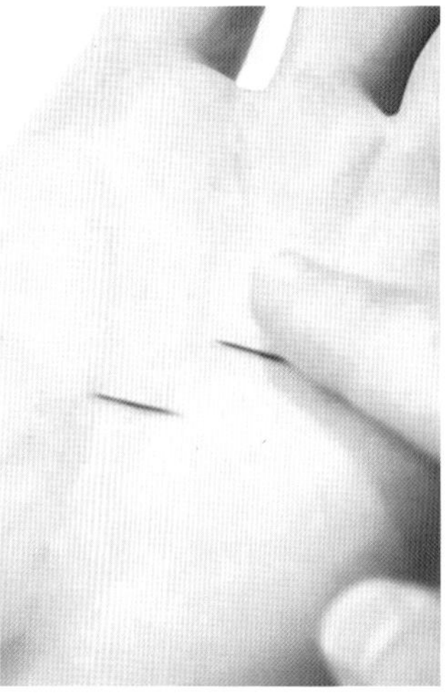

8 将两块黑色翻糖膏搓细，使两头变为细尖状。

9 用胶水将做好的眼睫毛粘在人物的眼皮上。

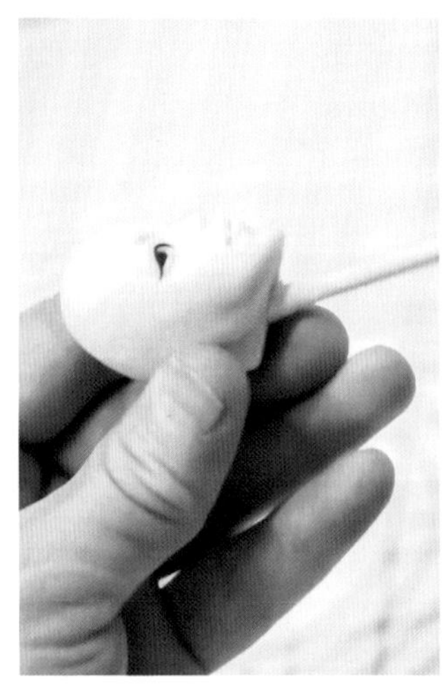

10 将眼睫毛顺着眼睛的弧度整理好。

11 在眼睫毛上再刷一层胶水。

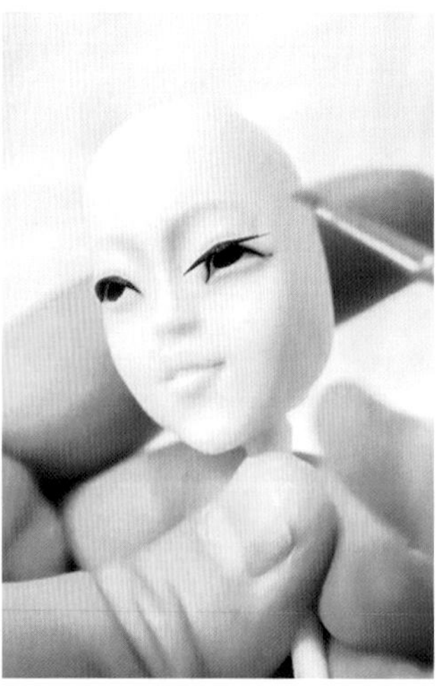

12 贴上第二根眼睫毛。注意要从眼睫毛的中间位置开始贴。

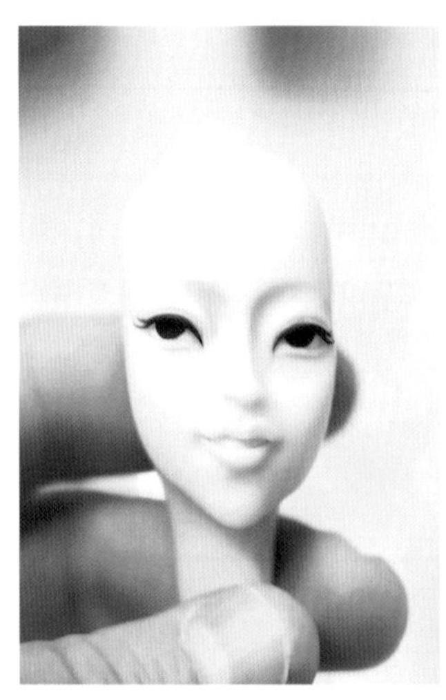

13 第二根眼睫毛的尾部稍微往上扬，头部与第一根眼睫毛的头部重合。

14 给人物画上咖啡色的眼线。

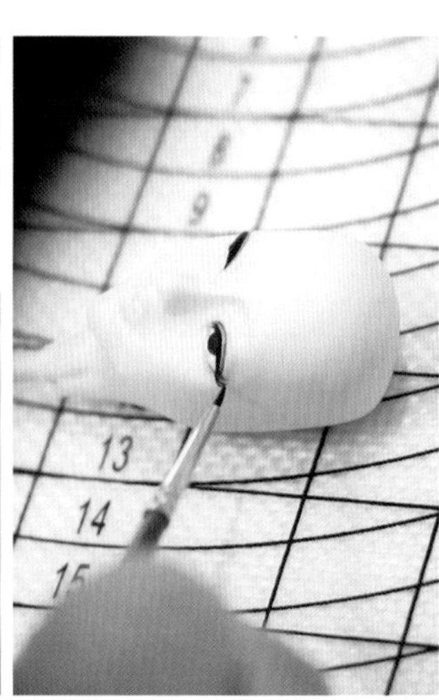

15 用黑色的色粉画出人物的眼睫毛。

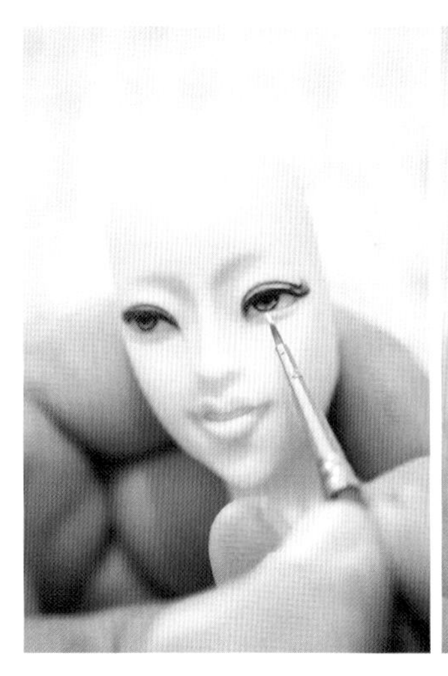

16 用白色的色粉画出人物眼睛的高光部位。

17 用咖啡色的色粉在人物的眉骨处来回扫出眉毛，注意眉毛的尾部要纤细。

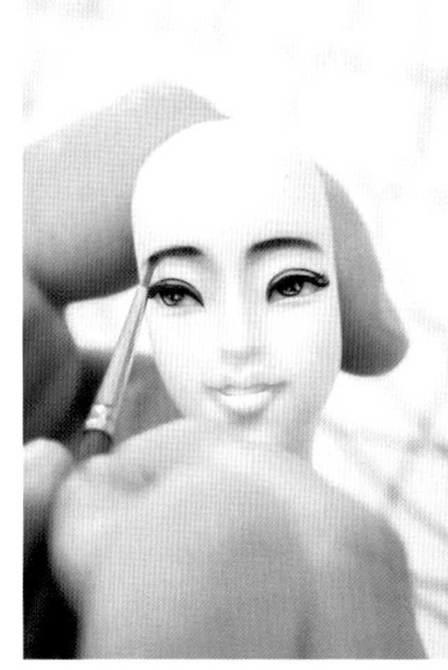

18 使用黑色的色粉在眉毛的中部加深颜色。

19 使用黑色的色粉在人物的眼角处扫出眼影。

20 用桃红色的色粉在人物的嘴部涂抹。

21 用桃粉色的色粉在人物嘴部的中间加重，使口红看起来层次更加丰富。

22 在人物的上眼皮涂抹桃红色的色粉。

23 在鼻孔部分涂抹上咖啡色的色粉，这样看起来鼻子就有了立体感，但是颜色不要太深。

周毅古风人偶身体制作教程

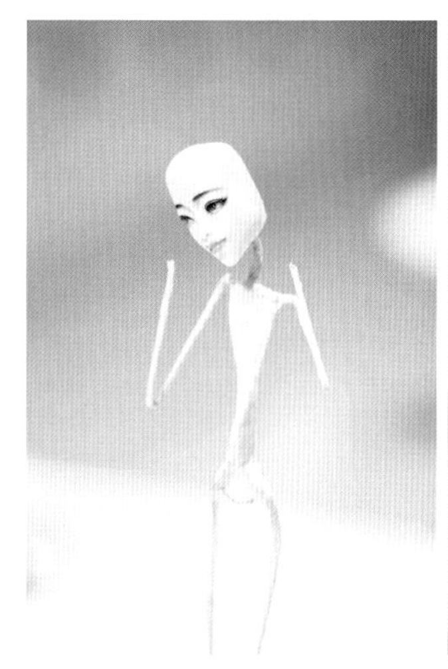
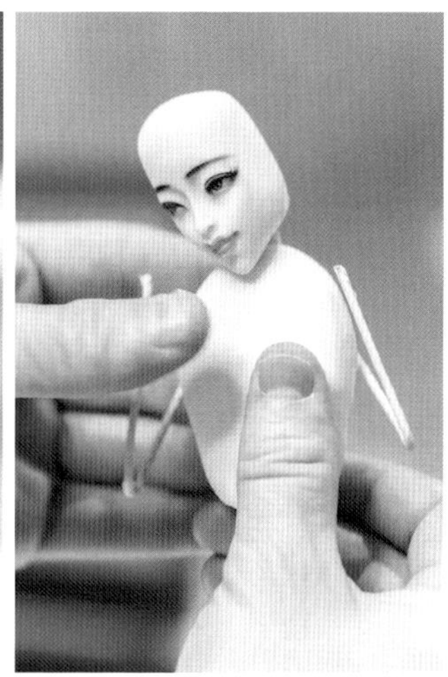
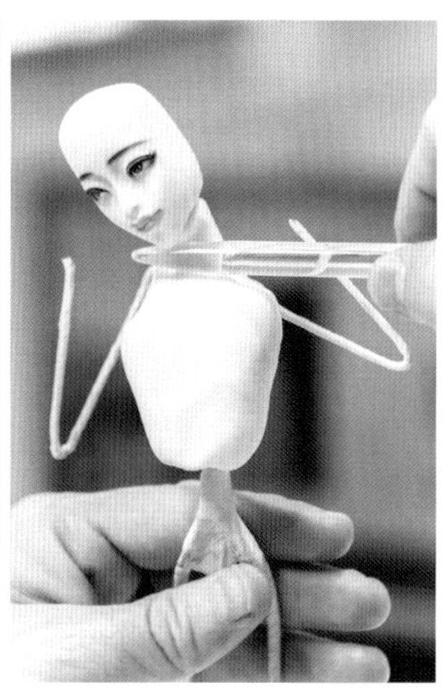

1 将人偶的头部插在支架上面。

2 将上半身的原料贴在支架上，并用圆头塑形棒向上将人物的脖子和头部粘在一起。

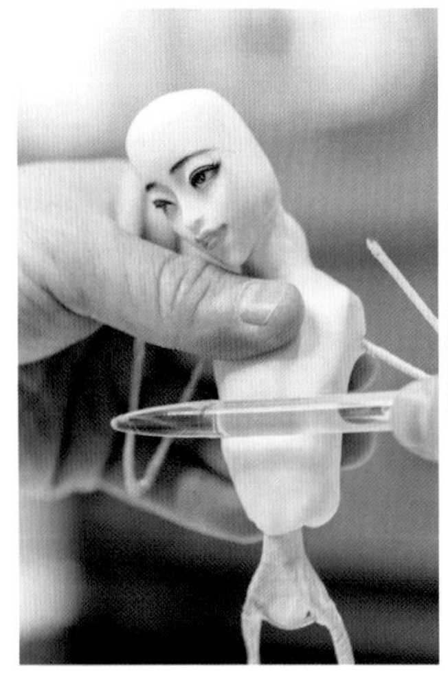

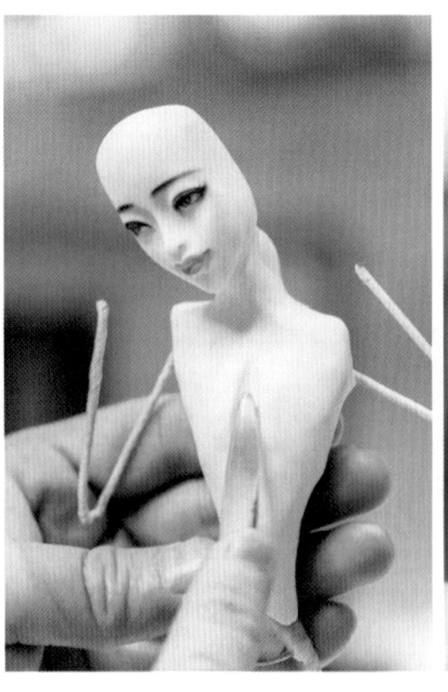

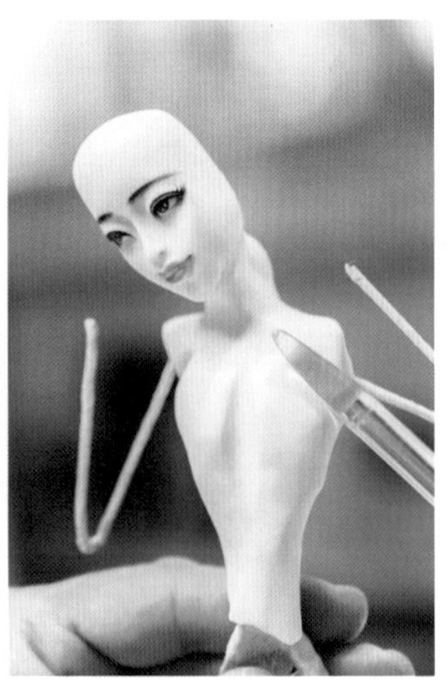

3 用手指压住人物的上胸部，然后使用圆头塑形棒向上推出人物的胸部。

4 用圆头塑形棒的尖头向下压出人物的胸部的分界。

5 用圆头塑形棒在人物的上胸部的两端下压，使得胸部上半部分的形状凸显。

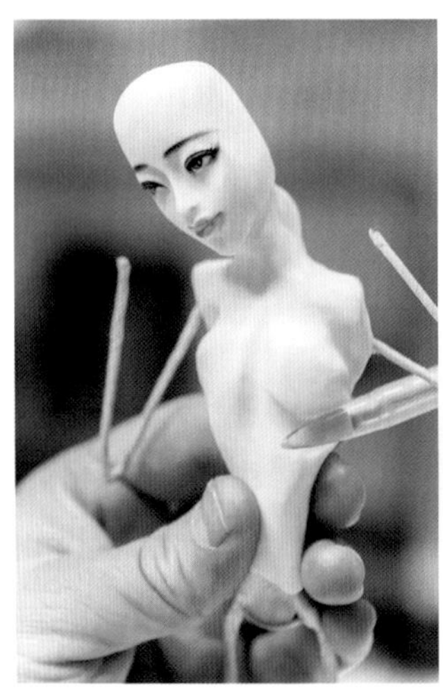

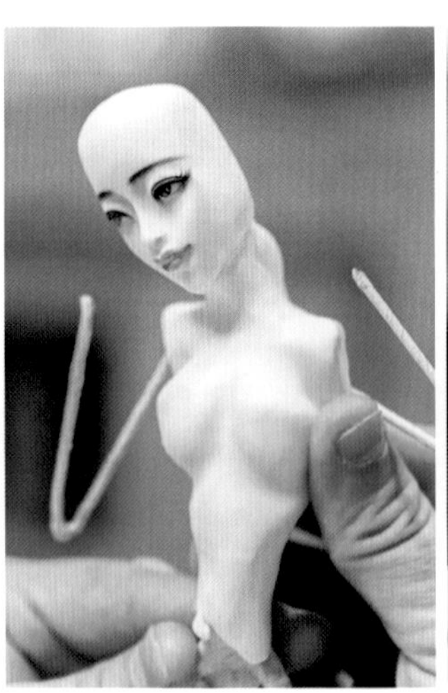

6 用圆头塑形棒向上挤压，使得胸部上翘。

7 用手把胸部按光滑。

8 用圆头塑形棒从上到下滚动，使胸部上半部分变薄。

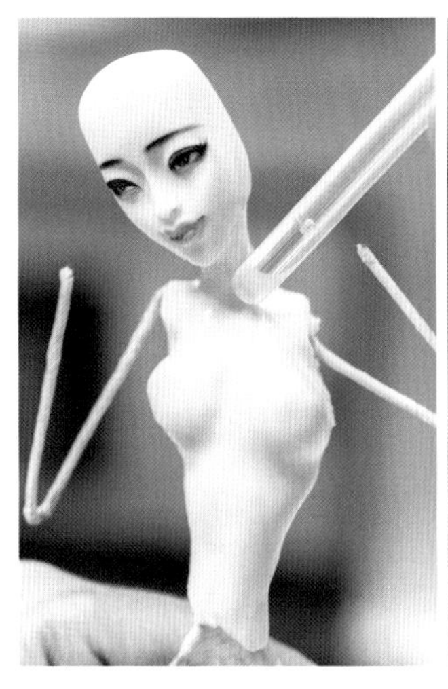

9 用圆头塑形棒的圆头在人物脖子的正中间下压，形成凹陷。

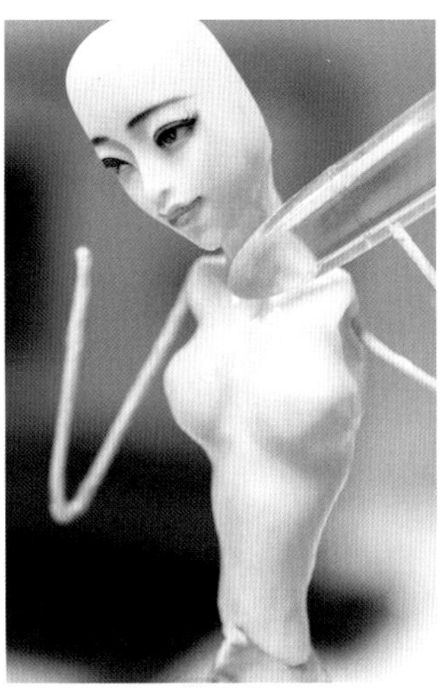

10 用大号主刀向下挤压出锁骨。

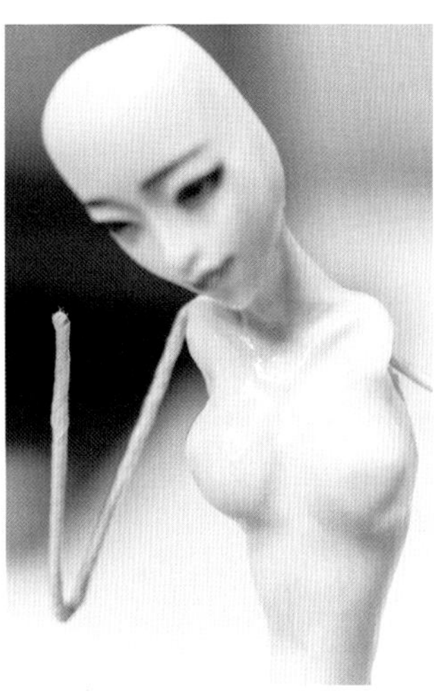

11 左右两边的锁骨呈对称状。

12 用大号主刀向上修饰锁骨的形状。

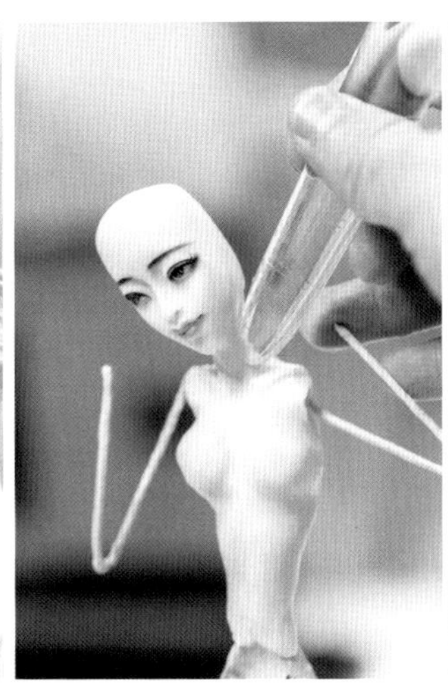

13 用大号主刀的小头向上压出脖颈。

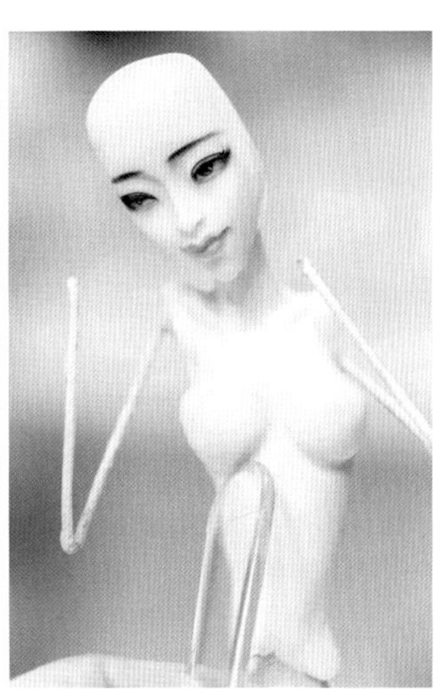

14 用中号主刀的小头刻画出人物胸部的底边，使其看起来更加明显。

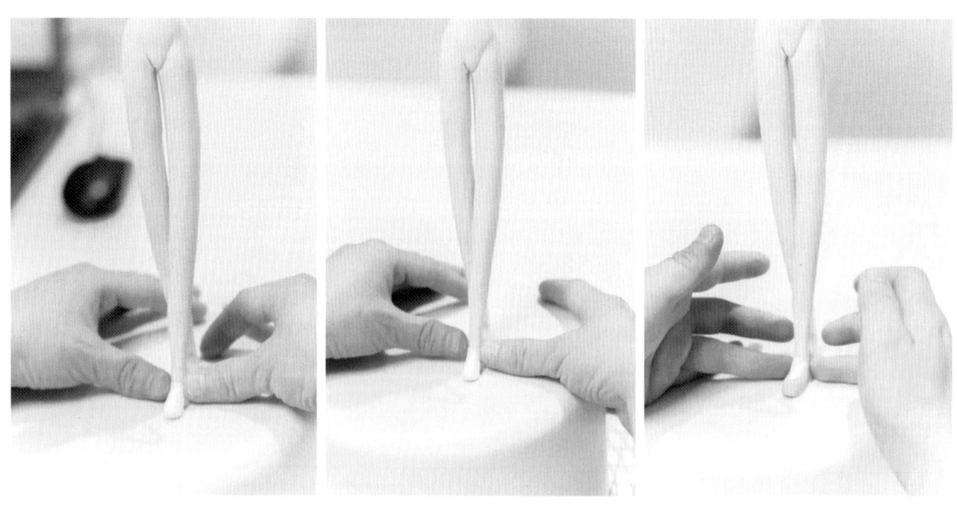

15 将人物的腿部粘在支架上，并挤压出脚面。

16 完善脚部细节。

17 用紫色翻糖膏制作鞋面，贴于脚部。

周毅古风人偶服饰制作教程

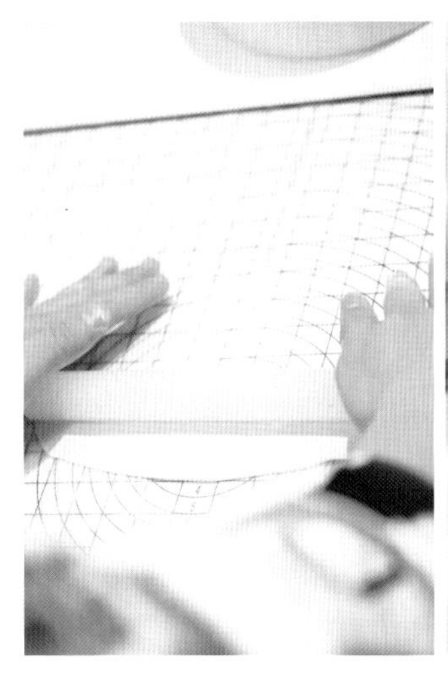

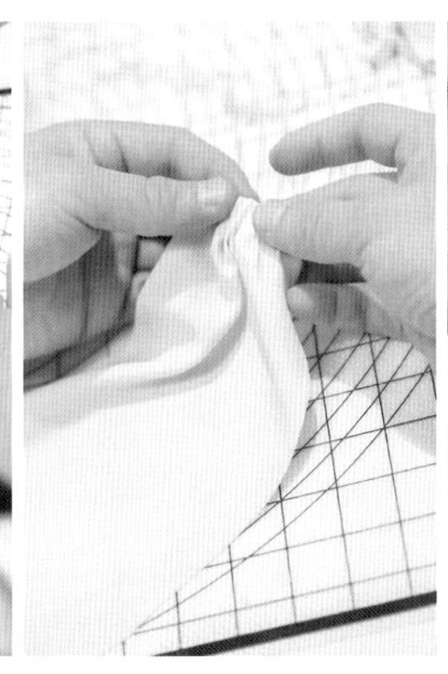

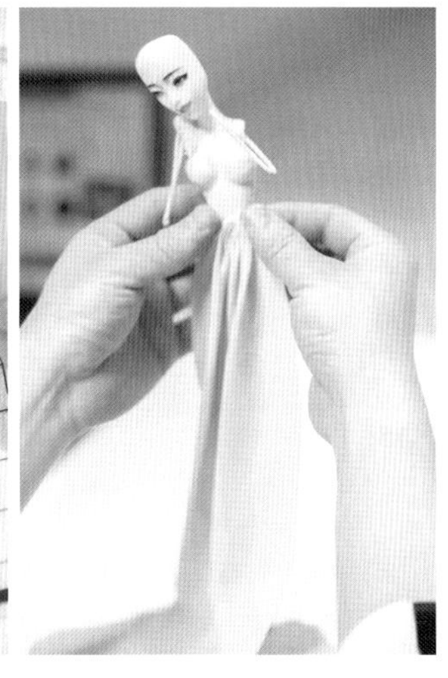

1 使用仙妮贝儿香草味的翻糖膏擀制一张翻糖皮，用力要均匀，这样可以保持糖皮的平整度。

2 拿起翻糖皮，均匀地对折，使得翻糖皮表面形成褶皱和纹理。

3 将折叠好的翻糖皮和人物的身体粘在一起。

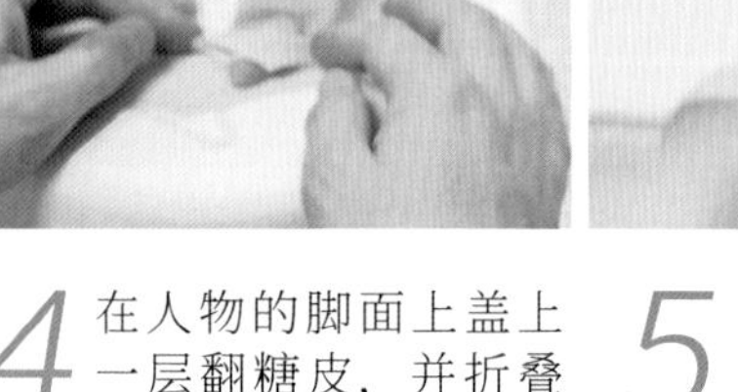

4 在人物的脚面上盖上一层翻糖皮，并折叠成盖在脚面上的裙摆。

5 将另外一块裙摆与身体粘在一起。

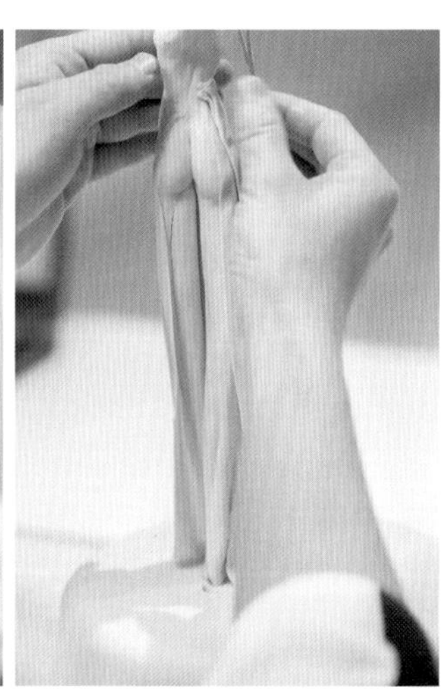

6 继续处理裙摆。

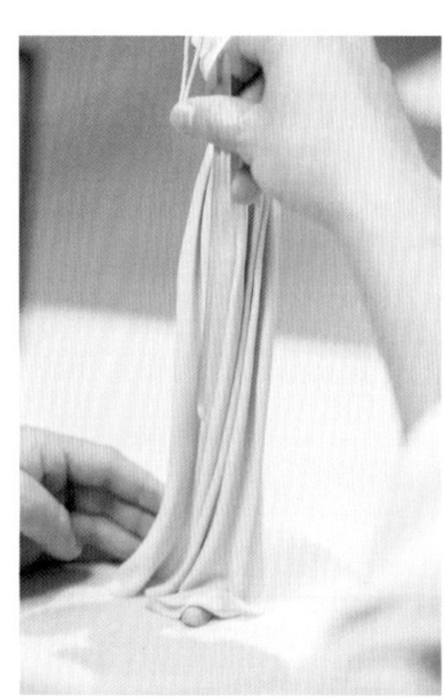

7 用中号或者大号主刀向下梳理衣服布料，裙摆的方向要一致。

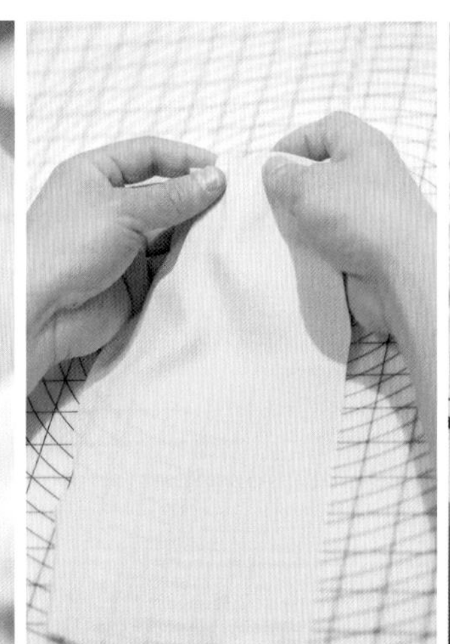

8 再擀制一张翻糖皮，均匀地折叠一端。

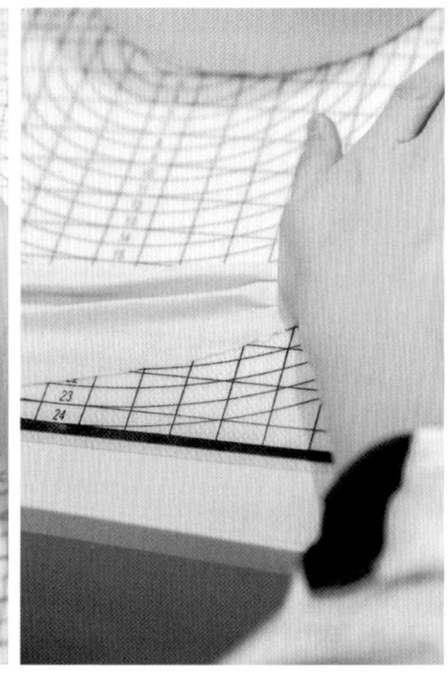

9 将折叠处用手压平。

10 将裙摆粘于腰际。注意裙摆之间要衔接好。

11 整理裙摆的弧度，使其更加自然。

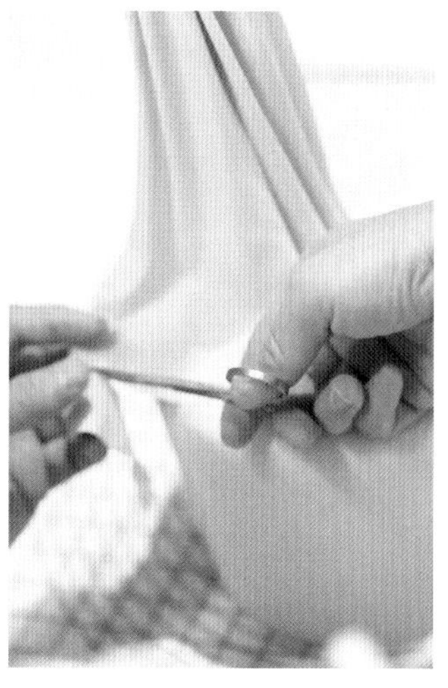

12 剪切人物的衣摆，剪成半圆形的边缘或者其他好看的衣纹。

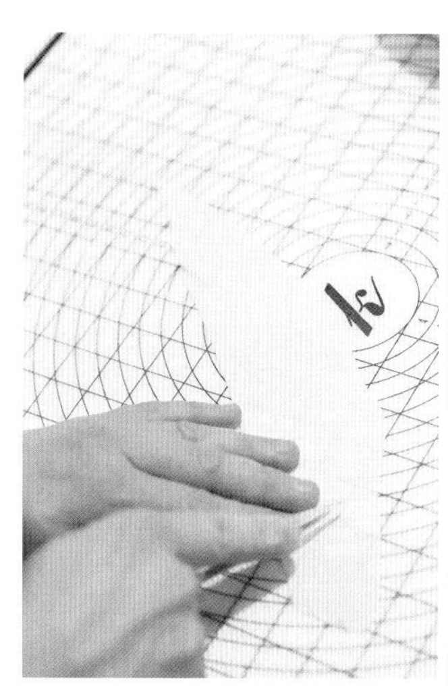

13 用三角切刀剪裁已经擀薄的翻糖皮。

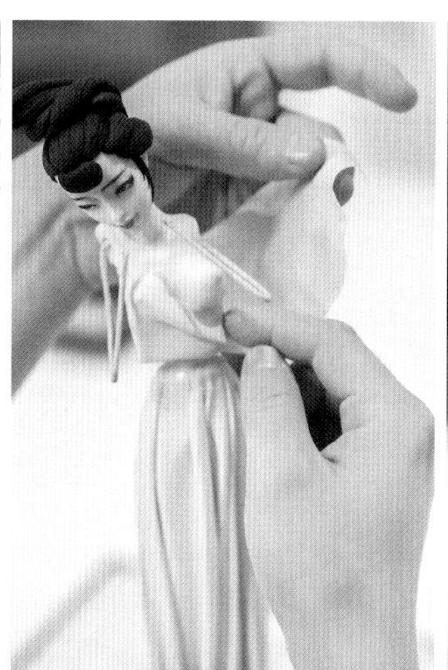

14 在人物的腰部和腋下刷胶水后，将剪裁好的翻糖皮粘在人物身体上，注意折叠才能形成衣纹。

15 包好后的成品。

16 用中号主刀向下推挤出下坠的衣纹。

17 制作好的成品。

(a) (b) (c)

18 取翻糖膏，擀薄后用金属切刀切成长条状，涂抹食用胶水，粘贴于衣襟位置。

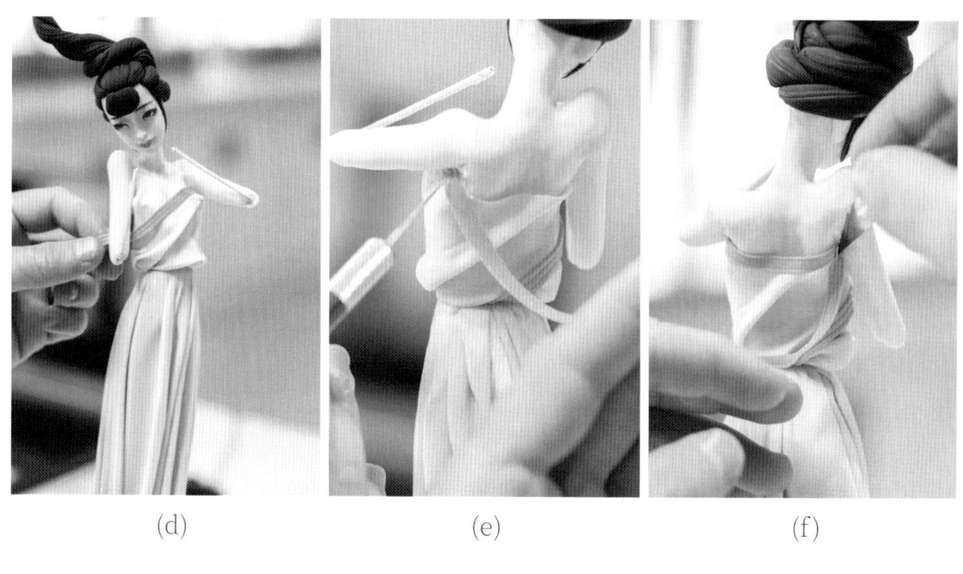

(d) (e) (f)

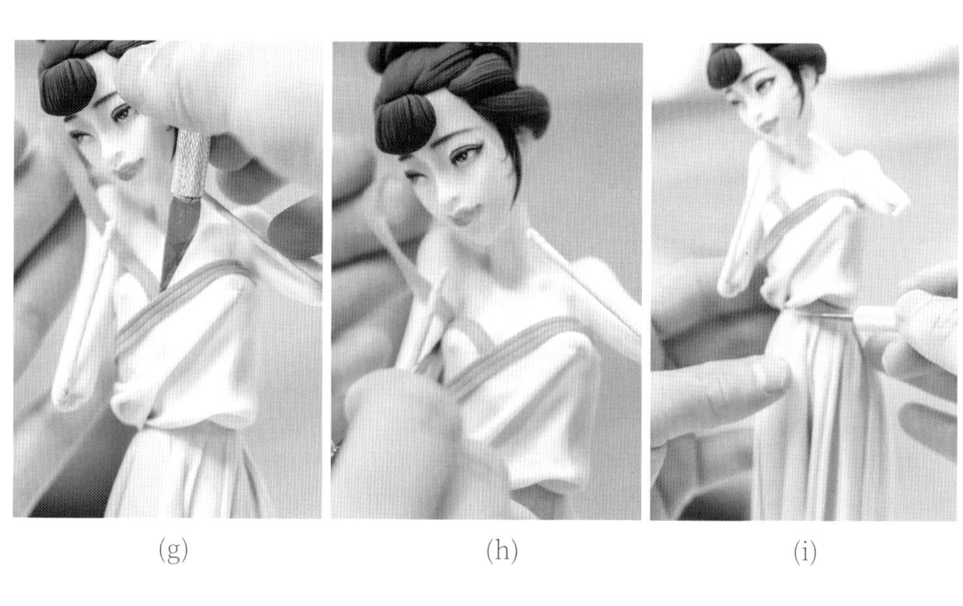

(g) (h) (i)

(j)

周毅古风人偶手部制作教程

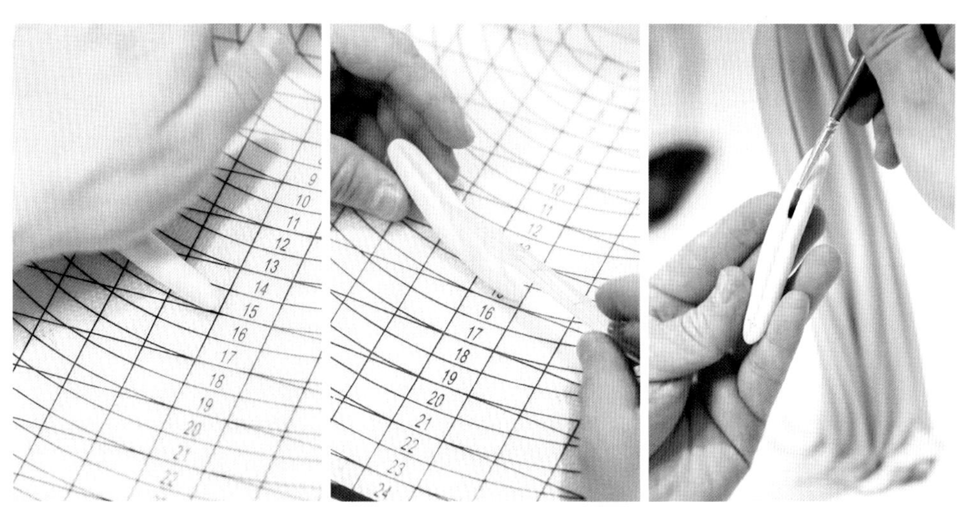

1 用人偶干佩斯搓出人物的上臂。

2 用三角刀将干佩斯切开 1/2 的深度。

3 涂抹食用胶水。

4 将上臂与身体粘在一起。

5 用剪刀剪去上臂过长的部分。

6 将上臂的支架调整到合适的位置。

7 使用中号主刀的圆面将手臂和身体进行缝合。

8 进一步完善上臂与颈部衔接处的细节，使其看起来更加真实。

9 用剪刀在手臂的背面剪切，这样接口也可以自然缝合，也可以用食用胶水缝合。

10 用毛笔在接口处刷平。

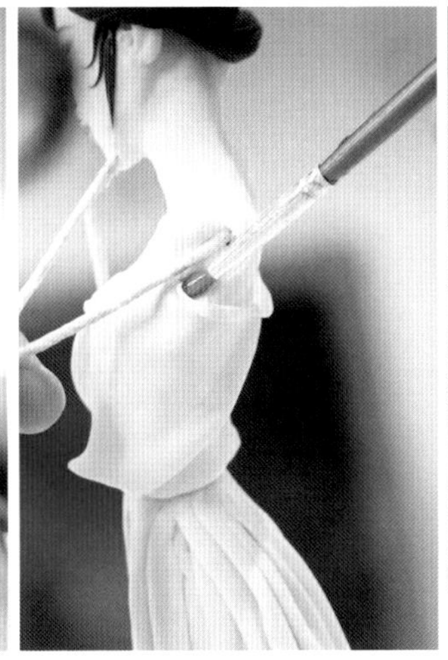

11 左上臂按照同样的方法进行安装。先在接口处涂抹食用胶水。

12 将左上臂与身体粘在一起。

13 完善左上臂与颈部衔接处的细节。

14 左右两侧的上臂完成。

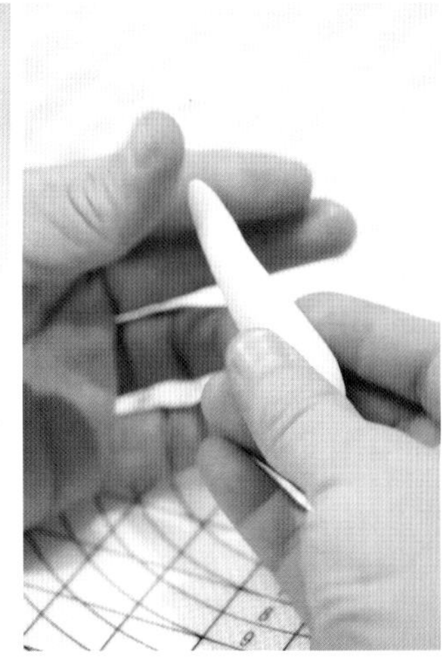

15 搓出一个圆锥形，但前端不要太尖。

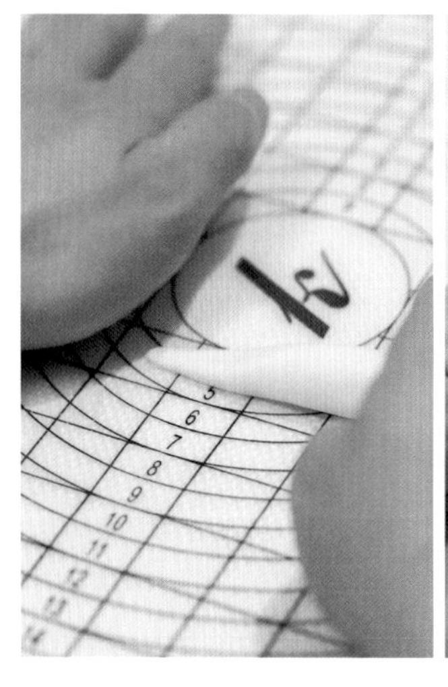

16 用手掌将前端稍微按压。

17 用手指轻捏，整饰前端的形状。

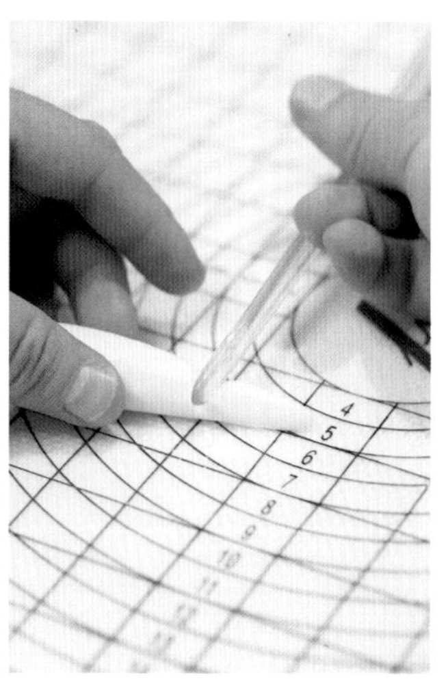

18 用中号开眼刀碾压一下圆锥形的前端。

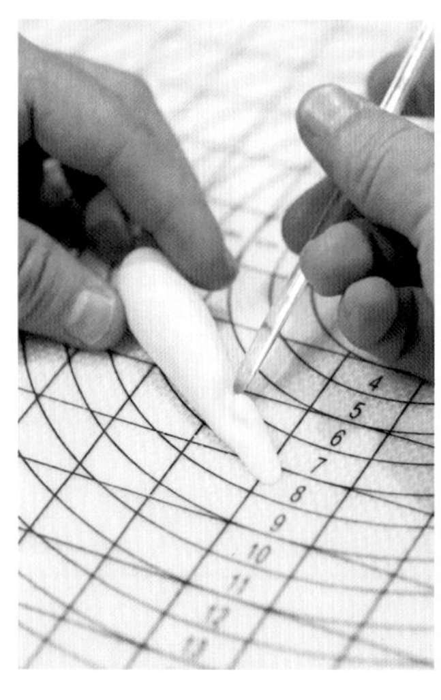

19 用中号主刀压出手掌部分的肌肉。

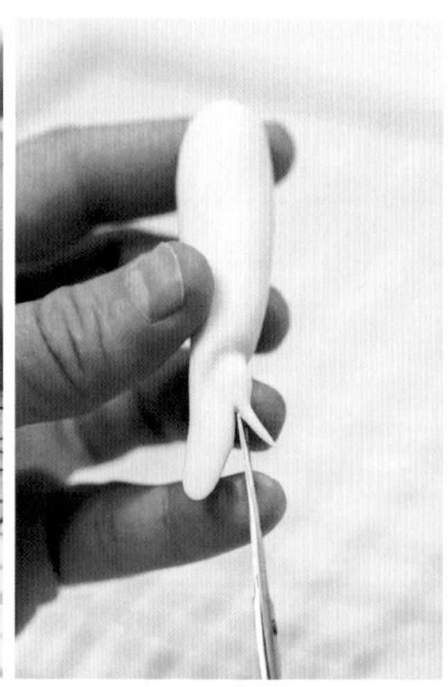

20 用剪刀剪出人物的大拇指。

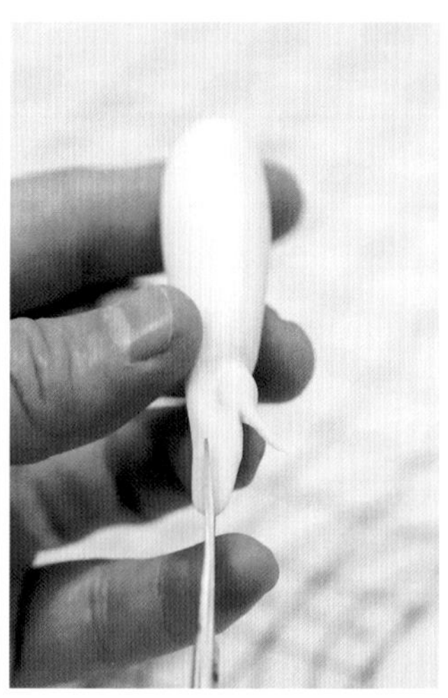

21 在另外的四根手指所在位置的中间略偏小拇指方向剪开。

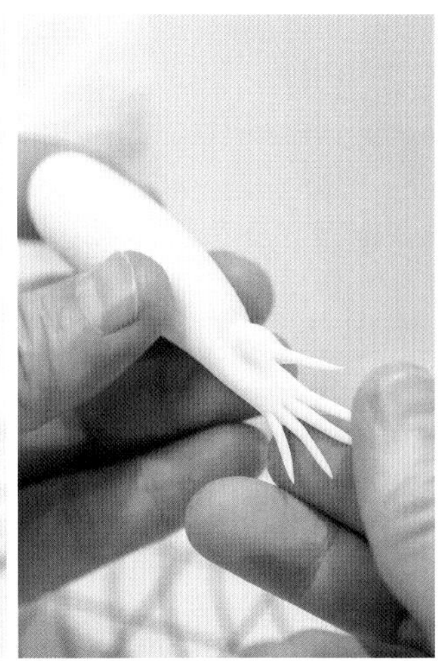

22 将食指和中指部分从中剪开。

23 将无名指和小拇指部分从中剪开。注意手指之间的大小、长短关系。

24 用手指将其搓细搓圆。

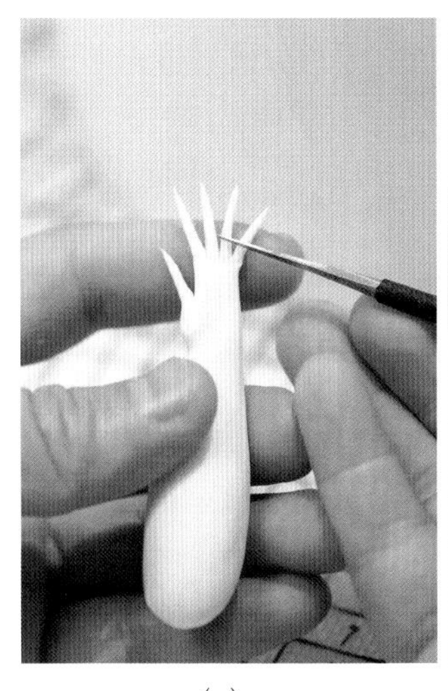

(a)

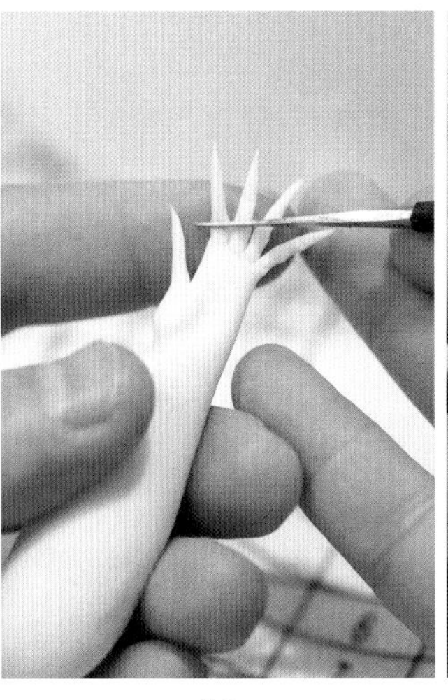

(b)

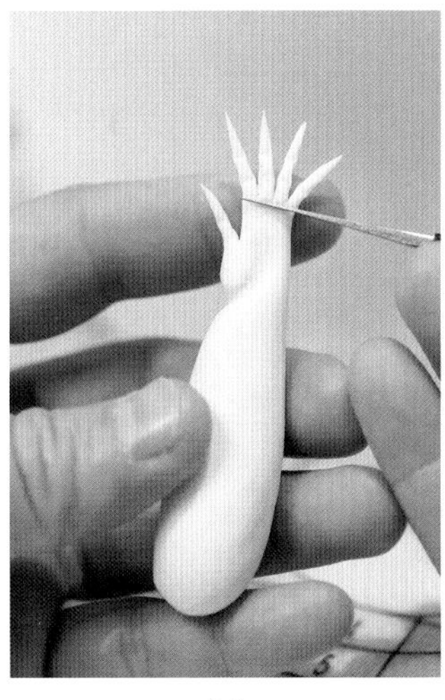

(c)

25 用金属开眼刀压出手指的关节。

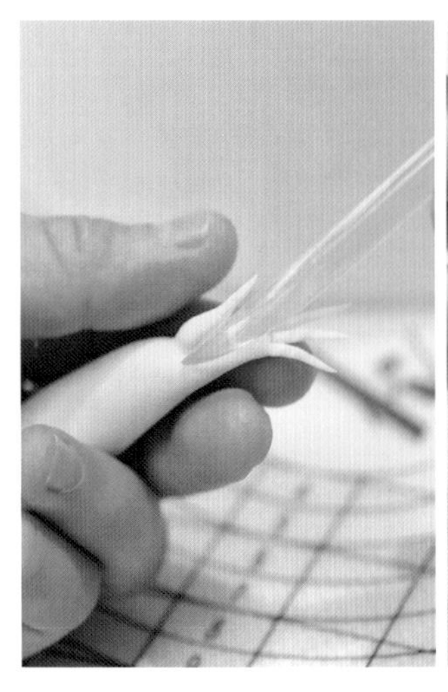

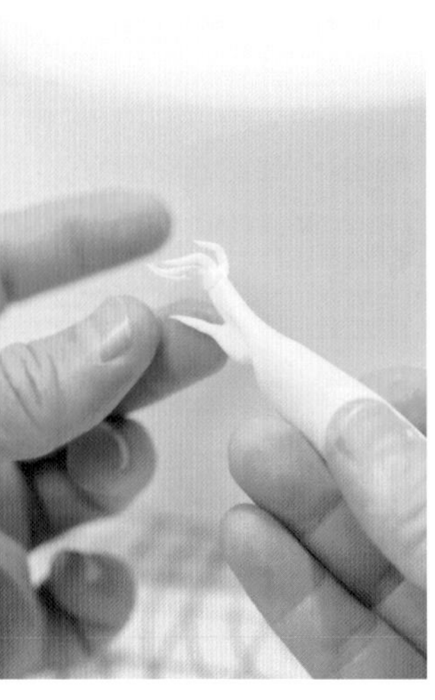

26 用开眼刀压住手掌肌肉部分的分界点，向上推，使大拇指向前移动。

27 推动手指，使得压过的关节部分进行折叠，形成美妙的曲度。

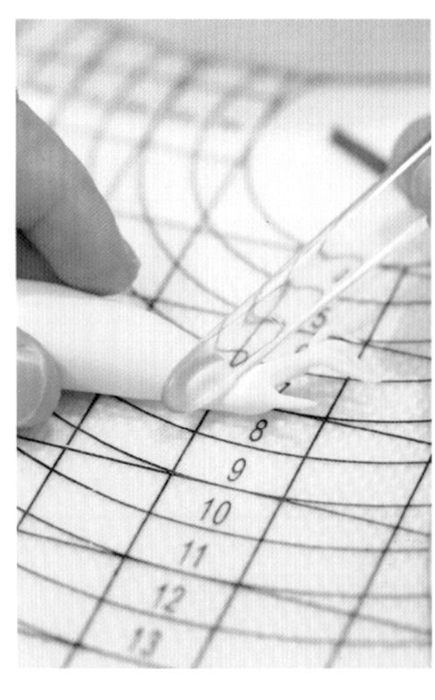

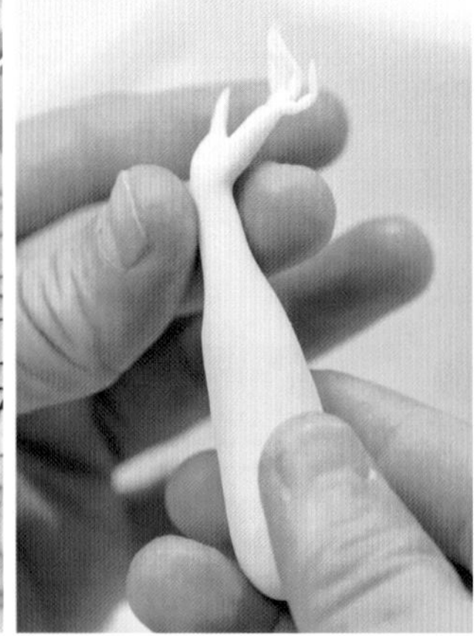

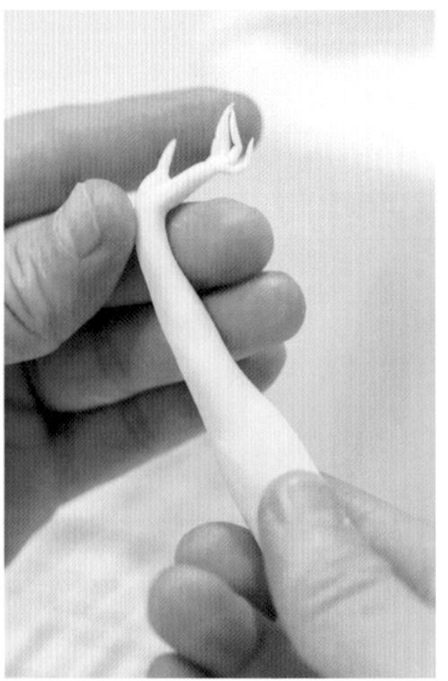

28 用中号主刀向后碾压人物的手背和手腕部分。

29 将手腕部分搓细，并按压出一定的弧度。

30 用塑料工具刀在制作好的手臂中间切 1/2 深度。

31 然后在手臂切口中涂抹食用胶水，装于支架的手臂位置。

32 用剪刀在手臂的内侧剪切，这样接口可以自然缝合。

33 切口涂食用胶水进行抹平并塑形。

34 调整手臂的摆放姿态，使其看起来更自然。

35 用同样的方法制作另一条手臂。

36 剪裁好紫色的翻糖膏，折叠后将其与身体粘在一起，多余的部分可以用刀具切除。

37 飘带部分初具雏形。

38 用金属开眼刀压出衣褶，并在飘带的末尾部分进行折叠，使其看起来更有飘逸感。

39 调整飘带在手肘部位的弧度。

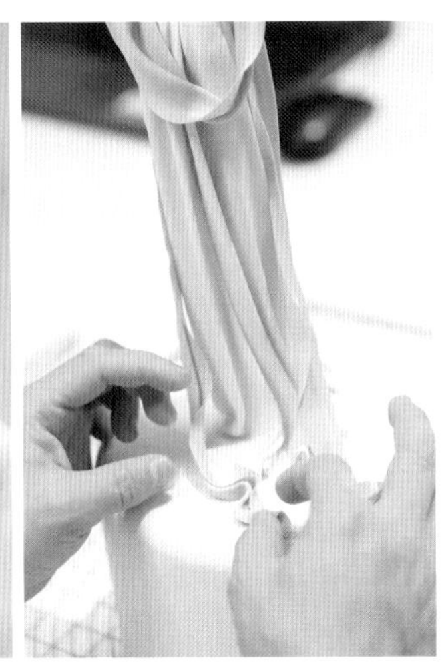

40 折叠背后的飘带，使其具有飘逸感。

周毅古风人偶发饰制作教程

1 在头部两侧刷食用胶水，准备安装耳朵。

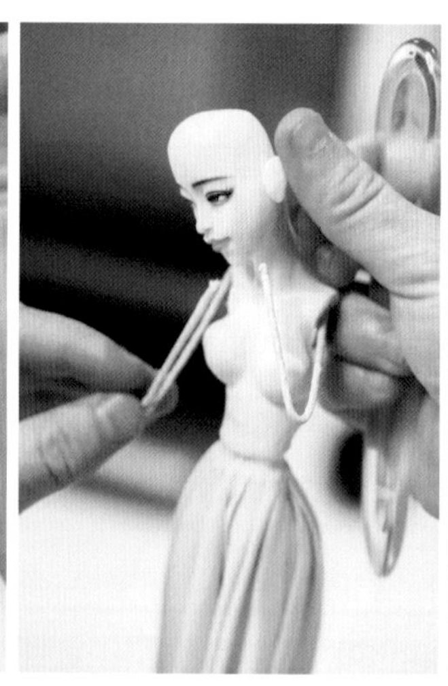

2 将做耳朵的原料和头部安装在一起。

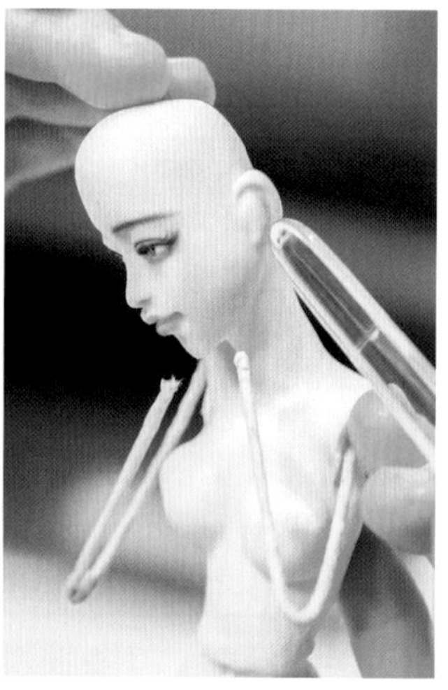

3 用中号主刀沿着耳朵的边缘压一圈。

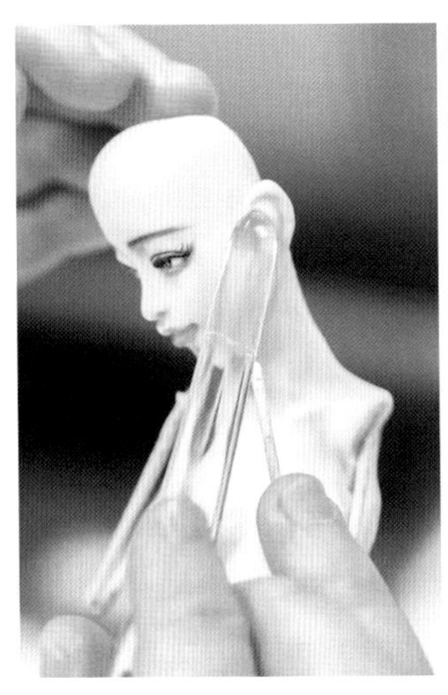

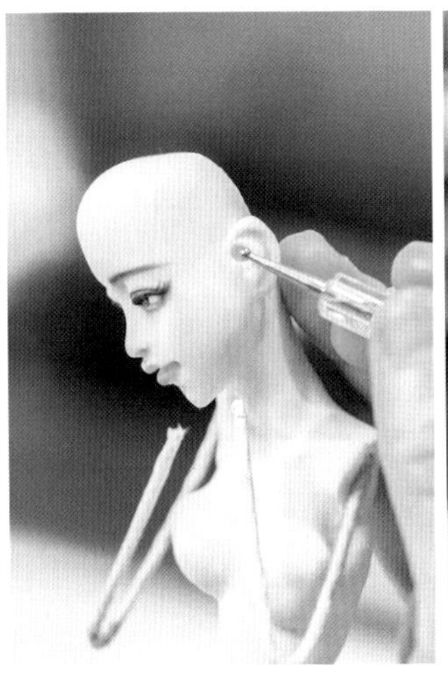

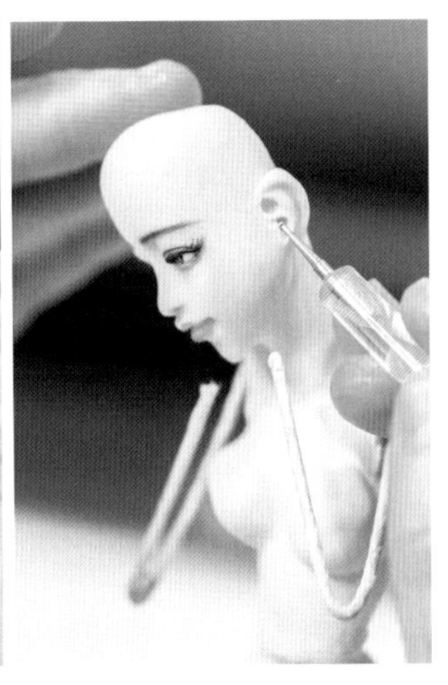

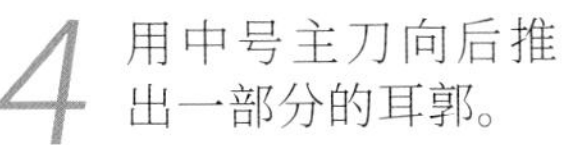

4 用中号主刀向后推出一部分的耳郭。

5 用压痕棒（1号）在耳朵里绕圈，使耳洞形成。

6 用压痕棒（1号）向下画半圆，点压出人物的耳洞，并顺便做出人物的耳郭。

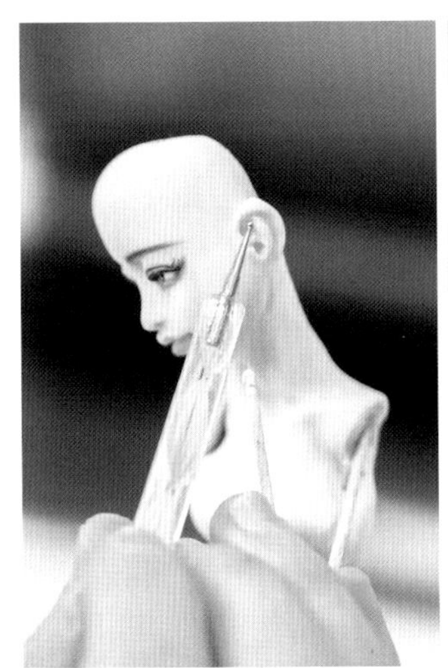

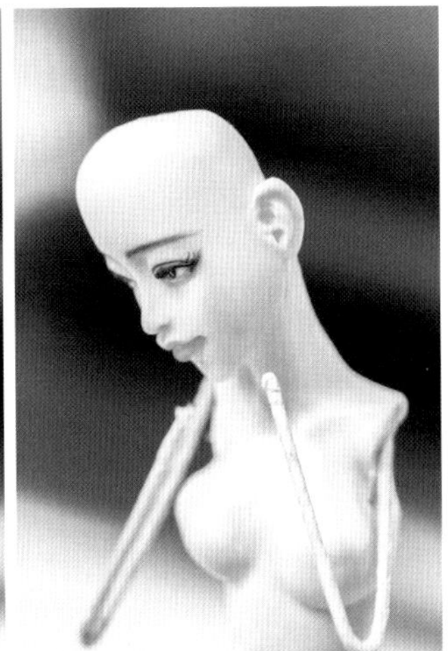

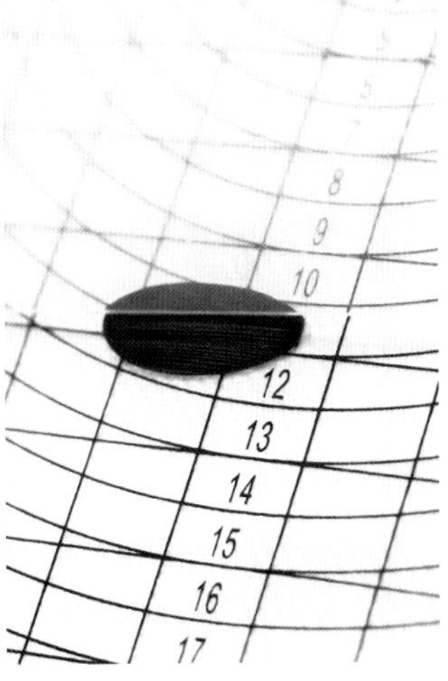

7 用压痕棒（1号）向后压出人物的耳郭。

8 成品。

9 将黑色的人偶干佩斯用压线刀向后碾压，使其上面布满线条。

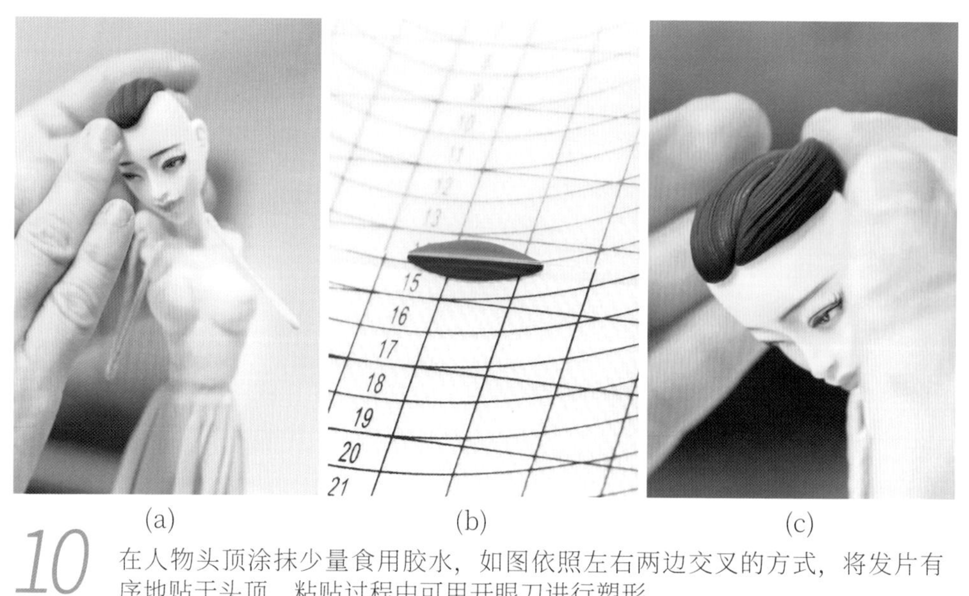

(a) (b) (c)

10 在人物头顶涂抹少量食用胶水，如图依照左右两边交叉的方式，将发片有序地贴于头顶，粘贴过程中可用开眼刀进行塑形。

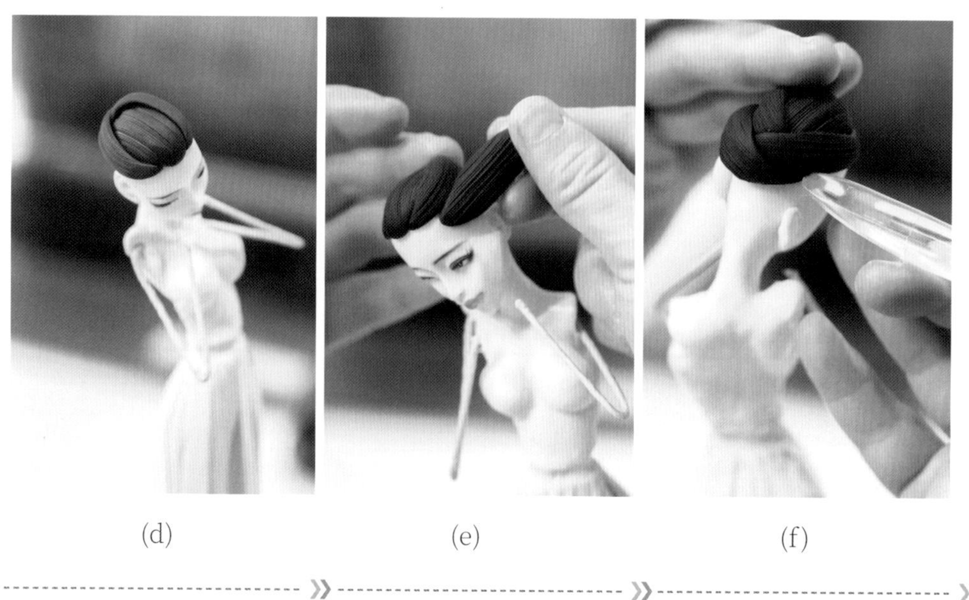

(d) (e) (f)

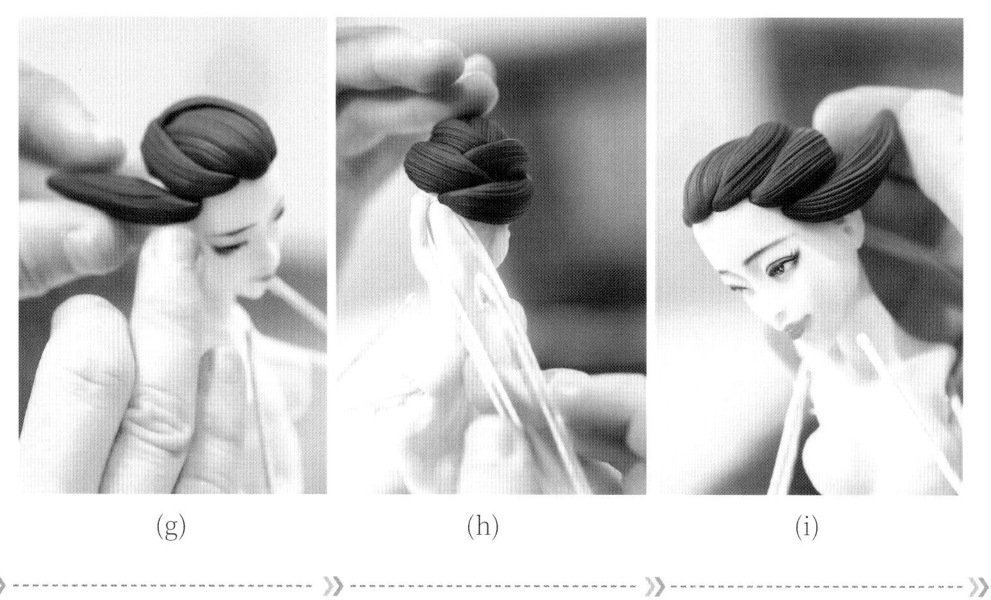

(g) (h) (i)

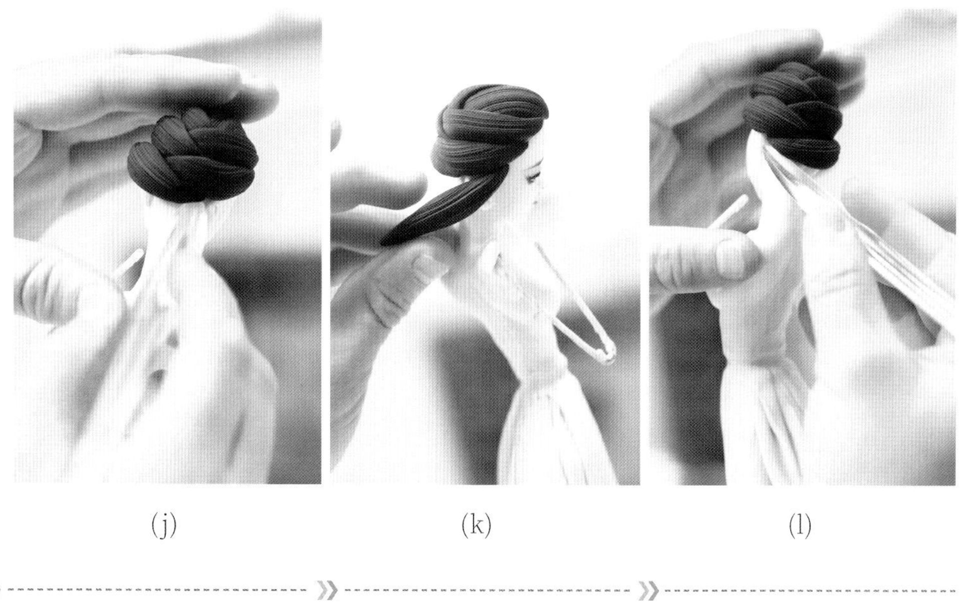

(j) (k) (l)

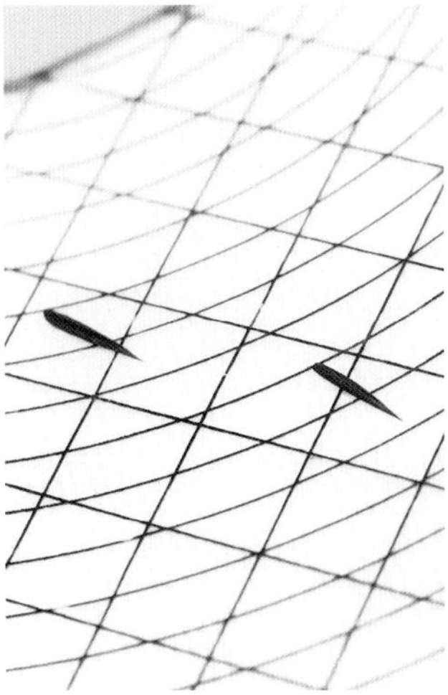

(a)  (b) 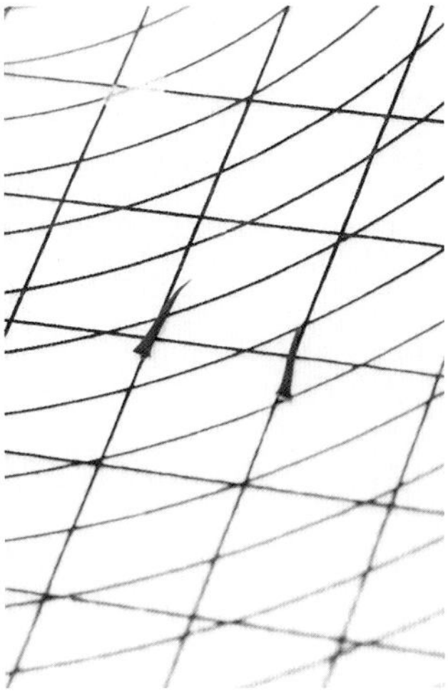 (c)

11 搓两根细小的头发，压线后将其粘在人物耳朵的前面，可以粘两层或多层，但长度应依次变短。

(d) (a) (b)

12 用毛笔调整头发的弯度。

(c) (a) (b)

13 将两块人偶干佩斯压出头发纹理后，用手给其造型。一块粘到头顶上，做出发髻的一部分；另一块叠加上去，发髻部分完成。注意调整好形状。

(c) (d) (a)

14 压制一小块人物的刘海并将其安装在人物的前额。

(b)

(c)

注意在安装刘海的过程中，可以用工具刀调整刘海的弧度并定型。

(a)

15 用铁丝支撑一下人物最长的盘发，定型后可以将铁丝拿掉。

(b)

(c)

(d)

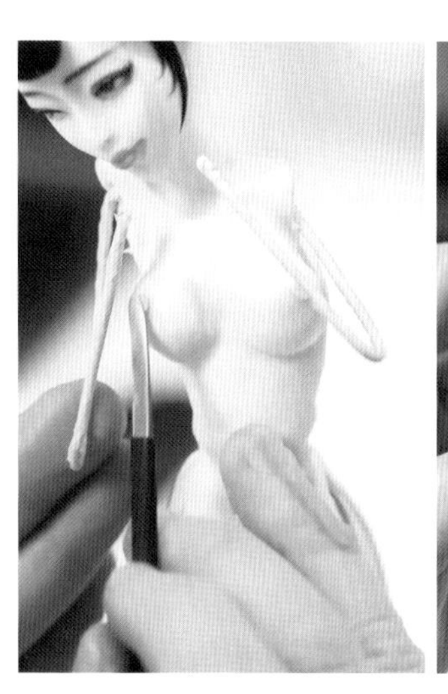

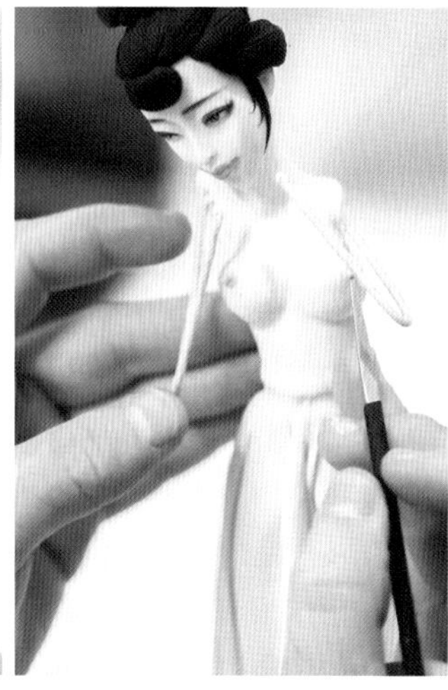

16 给人物安装乳晕，这样可以在薄的衣服里透出颜色，看起来更加逼真。

(a)

17 为人物安装发带。

(b)

(a)

(b)

18 压好一根飘带，每隔一段距离，用针刀不断地点压，使其形成蝴蝶结，并将其安装在人物的盘发部分。

(c) (d) (a)

19 将压制后上宽下窄的头发安装在人物的背后，并调整弯度使其看起来更加飘逸。

(b) (c) (d)

成品图

翩若惊鸿，婉若游龙。
荣曜秋菊，华茂春松。

第三章

翻糖膏应用类

翻糖蛋糕糖皮包覆技巧
及抹面奶油霜制作方法

翻糖杯子蛋糕装饰技巧
及黄油杯子蛋糕制作方法

翻糖饼干及超平面
黄油饼干制作方法

翻糖蛋糕

糖皮包覆技巧
及抹面奶油霜制作方法

1

大理石花纹糖皮的制作需要白色、黑色翻糖膏各 1 块。

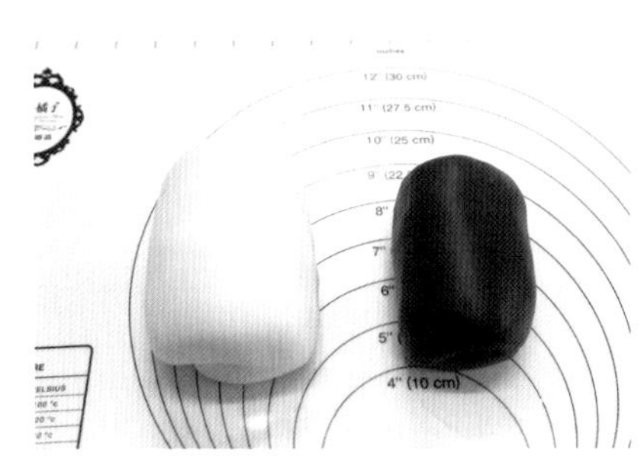

2

用拉伸的方式，将两块翻糖膏进行混合。使用前揉成圆形。

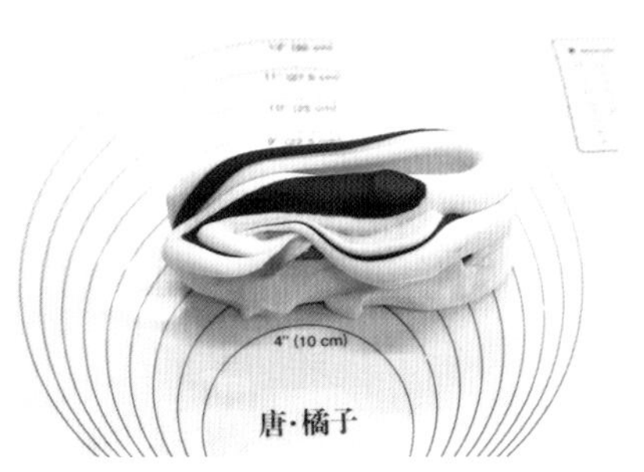

3

用擀面杖擀薄混合好呈现大理石花纹的翻糖膏，擀时保持圆形，厚度约 3 mm。

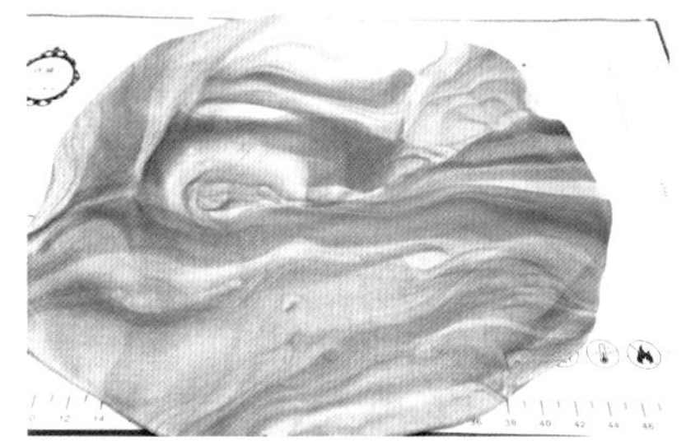

4

蛋糕分成三层，夹入奶油霜或巧克力甘纳许，同时在蛋糕的表面涂抹奶油霜或巧克力甘纳许，放入冰箱冷藏至奶油霜或巧克力甘纳许表面凝固。覆盖上擀好的翻糖膏，用手整理出蛋糕的形状，将蛋糕上方抹平整。

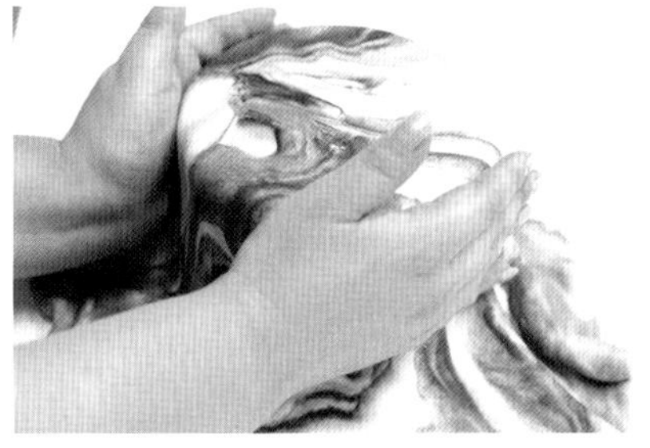

5

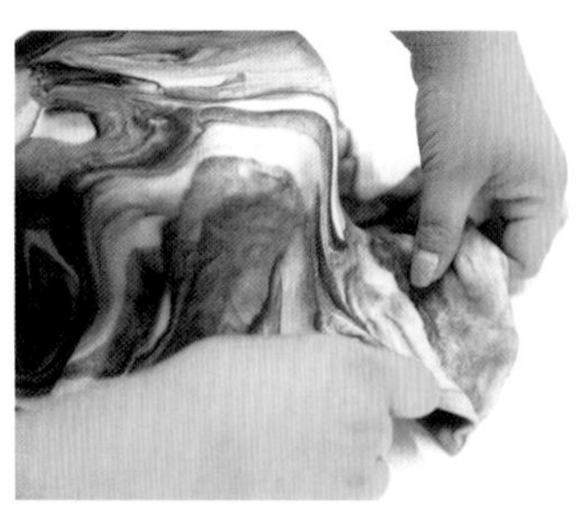

包翻糖膏时，如果蛋糕底部出现褶皱，需用手抻开后再贴合于翻糖蛋糕上。

6

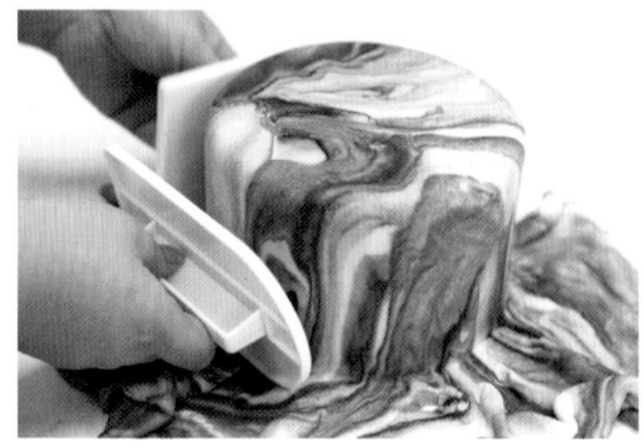

用抹平器抹平。

7

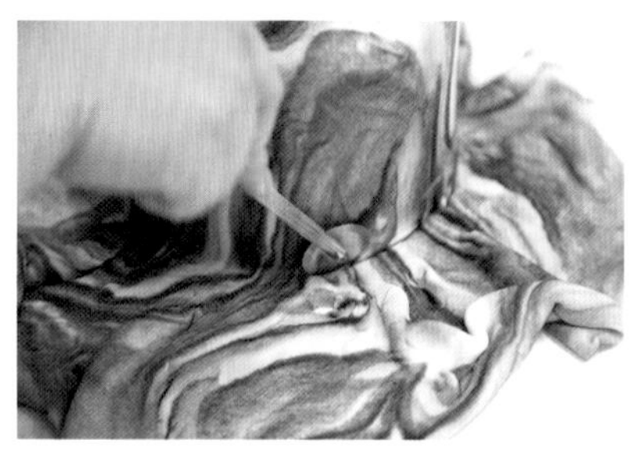

多余的翻糖膏用滚刀切掉。

8

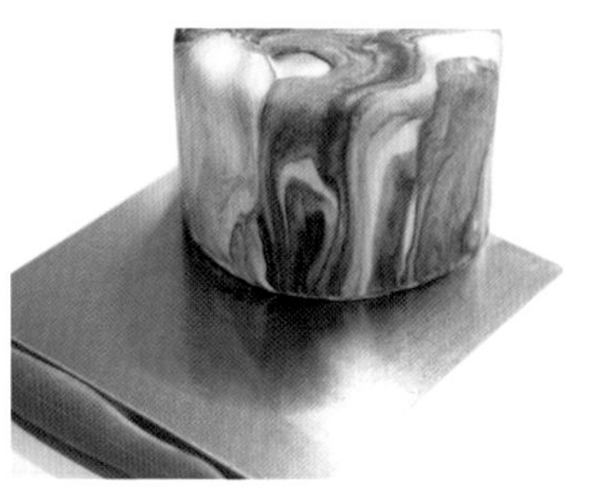

单层大理石花纹的翻糖蛋糕制作完成。用转移铲进行转移。

用同样的方法将 4 寸蛋糕包好翻糖膏后，和 6 寸蛋糕组装在一起，两个蛋糕中间用木棒连接固定。 9

制作完成的糖花及花托备用。 10

将糖花铁丝剪短，和花托的长度相同，把糖花插入花托。 11

将花托插入蛋糕中。 12

13

绣球花大理石花纹蛋糕完成。

Tips

花托在这里的作用是隔离不可食用的糖花铁丝，但是成本相对较高。更经济的方式是将吸管剪短成需要的长度后，将糖花铁丝部分插入吸管，再插入蛋糕中。

抹面奶油霜制作方法

原材料

一：蛋清 280 g　砂糖 50 g
二：黄油 900 g　砂糖 200 g　水 100 g

制作方法

1. 将原材料一内的蛋清加砂糖打发至泡沫丰富。

2. 将原材料二内的砂糖加水，煮至 115 ℃后倒入打发的步骤 1 中，搅拌至变凉。

3. 将室温融化的黄油用厨师机打至发白后，将步骤 2 少量多次地加入，继续打发至发白黏稠。

4. 加入少量食盐及柠檬汁调味后放冰箱冷藏备用。

翻糖杯子蛋糕装饰技巧及黄油杯子蛋糕制作方法

1

首先准备制作杯子蛋糕的“盖子”部分的工具：圆形切模（比杯子蛋糕略大一圈）、压纹工具、蕾丝纸围边。

2

在杯子蛋糕上涂抹少量奶油霜。

3

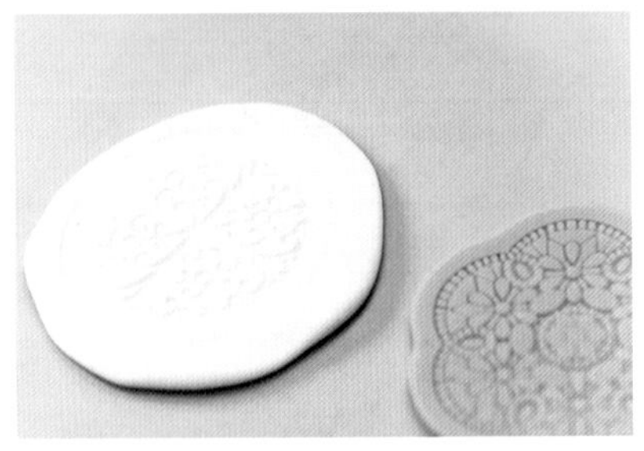

用硅胶蕾丝花纹压纹工具制作“盖子”。将翻糖膏擀至 3 mm 厚，将压纹工具放在翻糖膏上，擀制出花纹。

4

擀好花纹的翻糖膏用圆形切模切出“盖子”。

覆盖“盖子”到杯子蛋糕上。

5

剪一截和杯子蛋糕同高的吸管，插入杯子蛋糕内。

6

注意要将吸管全部没入杯子蛋糕内。

7

将装饰用的糖花剪短根部铁丝后，插入吸管内。

8

9

折叠好蕾丝纸围边。

10

完成后的杯子蛋糕。

黄油杯子蛋糕制作方法

原材料

无盐黄油 100 g　细砂糖 60 g　低筋面粉 100 g

鸡蛋 90 g　无铝泡打粉 3 g

制作方法

1. 黄油和细砂糖混合到一起，用厨师机搅拌均匀，打发至发白。

2. 少量多次地将蛋液加至打发的黄油中。

3. 将低筋面粉、无铝泡打粉过筛，加入到黄油和鸡蛋的混合物中，手动搅拌。

4. 将搅拌好的面糊放入裱花袋，挤入杯子蛋糕纸托中，2/3 满即可。

5. 烤箱预热至 150 ℃，中层，烤制 25 分钟。

翻糖饼干

及超平面黄油饼干制作方法

1

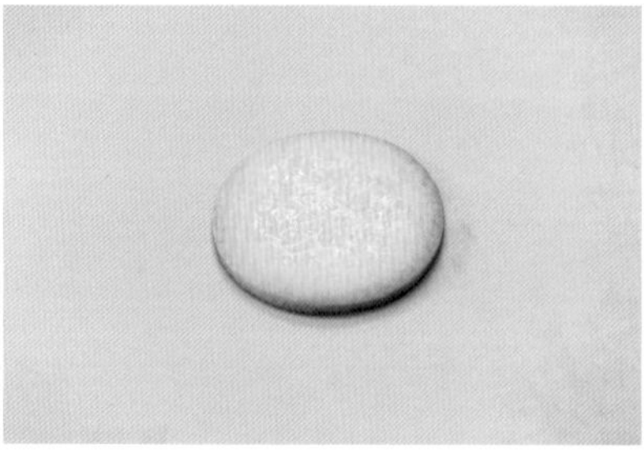

饼干抹糖浆少许。

2

将翻糖膏压好蕾丝花纹后，用和前文相同的圆形切模切出形状。

3

将压好花纹的翻糖膏贴于饼干上。

4

放上任何和你的甜品台主题风格一致的装饰物，饼干完成。

超平面黄油饼干制作方法

原材料

无盐黄油 100 g　糖粉 50 g　盐 1 g

鸡蛋 20 g　低筋面粉 150 g

（图 1）

制作方法

1. 在室温融化的黄油里加入过筛后的糖粉，打发至发白。（图 2）

2. 少量多次地加入蛋液，打发至蛋液和黄油完全融合。（图 3）

3. 加入过筛后的低筋面粉和盐，手动搅拌均匀。（图 4）

4. 将混合好的饼干面团包好保鲜膜，放入冰箱冷藏 1 小时以上。（图 5）

5. 取出刻模，入烤箱 190 ℃烤制 10 分钟。（图 6、图 7）

1

2

3

4

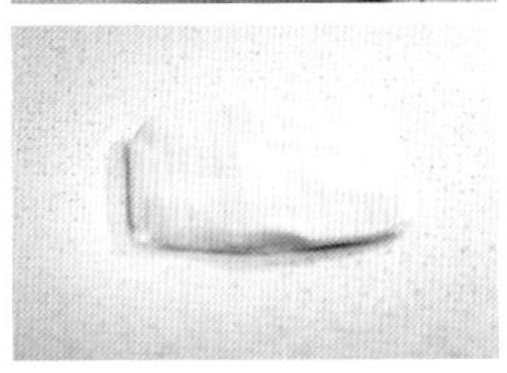

5

6

7

烘焙篇

第四章

流行甜品烘焙

第一节
认识烘焙工具

烘焙工具介绍

基础工具

厨师机

网状搅拌头

需要拌入大量空气时使用的搅拌头，比如打发蛋白、打发全蛋、打发淡奶油等，使材料中充满空气。

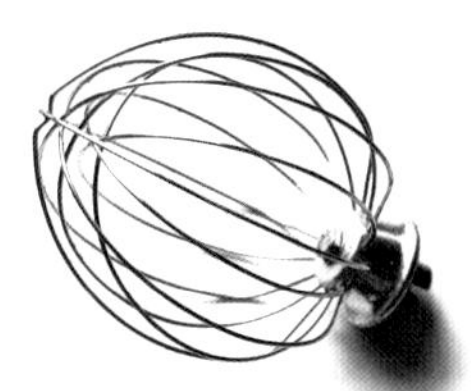

叶片搅拌头

制作曲奇面团或者派皮面团时使用。

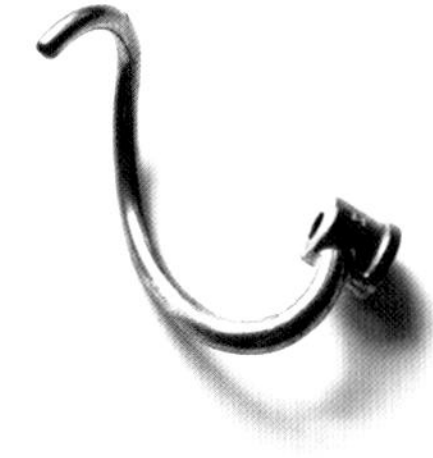

钩状搅拌头

制作面包面团或者派皮面团时使用。

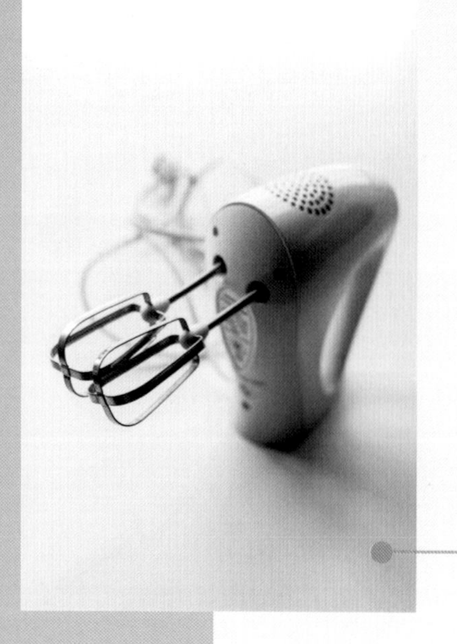

手动蛋抽

一般选用长度为容器直径的 1.5 倍左右的手动蛋抽，推荐购买金属质地的蛋抽。蛋抽上铁条的密度、粗细、软硬对制作的材料会产生不同的效果。

电动手持打蛋器

主要用来打发鸡蛋和淡奶油。

橡胶刮刀

在翻拌、搅拌时经常使用的工具。

计量工具

量杯

用于测量材料体积的工具。
1 量杯（1 cup）=250 mL
1/2 量杯（1/2 cup）=125 mL
1/3 量杯（1/3 cup）=80 mL
1/4 量杯（1/4 cup）=60 mL

量勺

同样也是用于测量材料体积的工具。
1 汤勺（1 tbsp）=15 mL
1/2 汤勺（1/2 tbsp）=7.5 mL
1 茶勺（1 tsp）=5 mL
1/2 茶勺（1/2 tsp）=2.5 mL

电子秤

选用精准的电子秤对糕点的制作来说至关重要。

烤箱

由于家用烤箱的温差会比专业烤箱大，所以建议大家在使用家用烤箱时，配合烤箱温度计来使用。

烤箱用油纸

一般为一次性用纸，具有耐热、防水、耐油脂的特性，可放入烤箱中进行加热。

烤箱用油布

和烤箱用油纸的特性一样，不过可以在清洗后反复使用。

硅胶垫

一般使用矽利康等材料制作的耐高温的垫子。

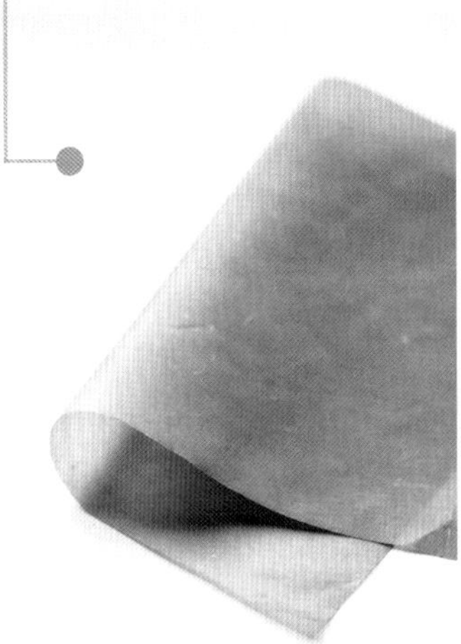

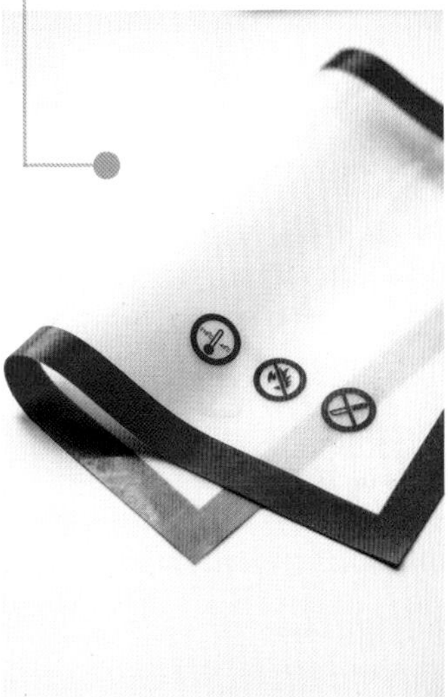

原料介绍

面粉

高筋面粉：

蛋白质和麸质含量都较高的面粉，延展性和筋力都较好，适合制作面包等。

低筋面粉：

蛋白质和麸质含量都较低的面粉，不容易产生筋度，适合制作蛋糕等不需要筋度的糕点。

中筋面粉：

中筋面粉的性质介于高筋和低筋面粉之间，适合制作中式糕点或者中式面食。

鸡蛋

鸡蛋的发泡性，可使制作的糕点中富含空气。油脂会影响鸡蛋的发泡性，所以在单独打发蛋白时，一定要注意工具和容器中不要有任何油脂。

砂糖

糖类是我们在制作甜点时必不可少的材料，最常使用的是白砂糖。

油脂

在制作西点时，使用的油脂主要是黄油，黄油为我们制作的糕点优化了口感、改善了结构。黄油的种类分为发酵黄油和非发酵黄油，有盐黄油和无盐黄油，在使用时的状态，有软化和溶解两种。在使用黄油时，一定要注意区分。

基本操作手法

过筛

一般制作糕点时，都需要提前过筛面粉等粉类。目的在于过滤出粉类中的杂物，使空气进入面粉当中。

切拌、翻拌

主要用于混合不需要拌入空气的材料，或混合质量不同的材料。

画圈搅拌

主要用于混合需要拌入空气的材料以及打发蛋白等。

第二节
流行甜品烘焙

酥酥小曲奇

Cookie

曲奇是粤语对于 Cookie 的音译，烤制成型的曲奇表面有明显的立体的花纹，属于酥性饼干的一种。酥酥小曲奇是一款非常经典的曲奇，不需要添加鸡蛋，奶香味十足。

甜品原料

无盐黄油 300 g
糖粉 75 g
盐 2 g
高筋面粉 150 g
低筋面粉 165 g
奶粉 30 g
（图 1）

1	2	3
4	5	6

甜品准备工作

1. 预热烤箱至 150 ℃。

2. 将黄油从冰箱里提前取出，室温软化至 24 ℃左右。

操作步骤

1. 在室温软化的无盐黄油中加入糖粉，打发至如图发白、蓬松的羽毛状。（图 2）

2. 高筋面粉、低筋面粉、奶粉、盐混合过筛。（图 3）

3. 将过筛后的粉类一次性加入打发蓬松的黄油中。（图 4）

4. 用翻拌和垂直切拌的手法，将面团拌至光滑的状态。（图 5）

5. 将拌好的面团装入放置好曲奇花嘴的硅胶裱花袋中，挤出均匀的曲奇花。（图 6）

6. 将曲奇花放入预热好的烤箱中，以 150℃烘烤 30 分钟左右。

日式海绵蛋糕

Japanese Sponge Cake

日式海绵蛋糕是利用鸡蛋的发泡性来制作的一款蛋糕，因为添加了水饴，口感更湿润。

甜品原料

鸡蛋 150 g
白砂糖 100 g
水饴 8 g
低筋面粉 100 g
全脂牛奶 40 g
玉米油 20 g
（图 1）

甜品准备工作

1. 将鸡蛋从冰箱中取出，恢复至室温。

2. 烤箱预热至 180 ℃。

1	2	3	4
5	6	7	8
9	10	11	

操作步骤

1. 将玉米油与全脂牛奶混合加热至沸腾，离火，放置在一边自然降温。（图 2）

2. 鸡蛋中加入白砂糖与水饴，用电动手持打蛋器打发。（图 3）

3. 鸡蛋打发到发白，打蛋器划过后有明显的痕迹。可以用牙签插在蛋糊里，如果能直立就说明打发到位。（图 4）

4. 倒入过筛的面粉，进行翻拌。（图 5）

5. 将面粉翻拌均匀后，沿刮刀倒入煮沸过的玉米油和牛奶（温度不超过 40 ℃）。（图 6）

6. 混合好的面糊是非常有光泽而又顺滑的。（图 7）

7. 将面糊倒入模具中。（图 8）

8. 倒入面糊后，震动蛋糕模具，使面糊里的大气泡排出。（图 9）

9. 入烤箱，175 ℃烘烤 45 分钟左右。（图 10）

10. 将烤好后的蛋糕胚立即从烤箱中取出，正面垂直摔落，然后倒扣在晾网上。晾凉脱模，装饰即可。（图 11）

红丝绒杯子蛋糕

Red Velvet Cupcake

红丝绒杯子蛋糕源自美国，有一个有趣的说法是在 20 世纪 50 年代末，在纽约最知名的华尔道夫酒店，一位女顾客在品鉴红丝绒杯子蛋糕后，觉得非常美味，遂向服务员讨要了蛋糕配方 , 酒店满足了顾客的要求，将配方给了她。之后，这位女顾客收到了一份高额账单，她在一怒之下，将此配方公布于世，由此便有了红丝绒杯子蛋糕。红丝绒杯子蛋糕呈现出的深红色非常浪漫，亦是适合情人节的一款蛋糕。

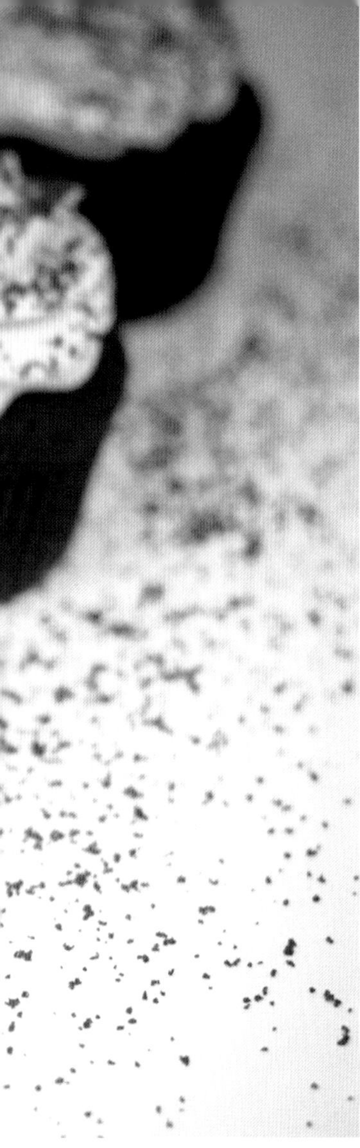

甜品原料

红丝绒杯子蛋糕

玉米油	60 g
鸡蛋	50 g
细砂糖	120 g
低筋面粉	150 g
可可粉	10 g
盐	2.5 g
红丝绒溶液	15 mL
原味酸奶	150 g
小苏打	2.5 mL
白醋	7.5 mL

（图 1）

奶油奶酪霜

无盐黄油	50 g
糖粉	50 g
奶油奶酪	200 g
柠檬汁	15 mL

（图 2）

甜品准备工作

红丝绒杯子蛋糕

1. 将鸡蛋从冰箱中取出，恢复到室温。
2. 烤箱预热至 170 ℃。

奶油奶酪霜

1. 把黄油从冰箱中取出，放置到室温软化状态，黄油软化后的温度在 24 ℃左右。

2. 从冰箱中取出奶油奶酪，放至室温。

1

2

操作步骤

红丝绒杯子蛋糕

1. 将鸡蛋、玉米油与白砂糖用蛋抽搅拌，使鸡蛋达到乳化状态。（图 3）

2. 低筋面粉、可可粉与盐混合过筛。（图 4）

3. 将过筛的面粉加入乳化的鸡蛋中，搅拌至无粉类和结块。（图 5）

4. 加入红丝绒溶液和酸奶油。（图 6）

5. 搅拌到顺滑的状态。（图 7）

6. 将白醋倒入小苏打中。（图 8）

7. 将小苏打溶液加入面糊中，并搅拌均匀，可用电动打蛋器低速搅拌两分钟。（图 9）

8. 将面糊装入裱花袋中，挤入模具里，挤八分满即可。入烤箱，180 ℃烤 25 分钟左右。（图 10）

3	4	5	6
7	8	9	10

奶油奶酪霜

1. 在软化到室温的无盐黄油中加入糖粉，将黄油用电动手持打蛋器打发到发白、蓬松的羽毛状。（图 11）

2. 将放至室温的奶油奶酪加入打发的黄油中，继续用电动手持打蛋器搅拌。（图 12）

3. 加入柠檬汁继续搅拌。（图 13）

4. 继续搅拌直至呈顺滑的奶油霜状。（图 14）

5. 将制作好的奶油奶酪霜装入裱花袋中，然后裱在已经晾凉的红丝绒杯子蛋糕上。（图 15）

6. 表面可撒上红丝绒碎做装饰。

Tips

此配方亦可制作一个6寸的红丝绒蛋糕，制作时以175 ℃烘烤50分钟即可。

11

12

13

14

15

柠檬磅蛋糕

Lemon Pound Cake

因为在制作的时候，黄油、鸡蛋、面粉以及糖这四种材料各占整个蛋糕比重的四分之一，所以混合制作而成的蛋糕就被叫作磅蛋糕。

甜品原料

无盐黄油 100 g
鸡蛋 100 g
白砂糖 100 g
柠檬皮屑 1/4 个
低筋面粉 100 g
泡打粉 2 g
柠檬汁 15 g
（图 1）

甜品准备工作

1. 柠檬皮取黄色部分，用配方里的白砂糖腌制 1 小时左右。（图 2）

2. 把无盐黄油提前从冰箱里拿出，室温软化。

3. 将鸡蛋从冰箱中提前拿出。

4. 将烤箱预热至 180 ℃。

5. 在模具中铺好油纸。

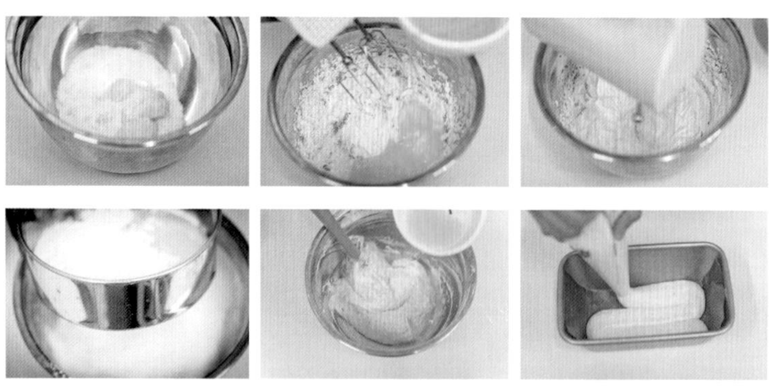

3	4	5
6	7	8

操作步骤

1. 在无盐黄油中加入白砂糖，打发至发白、蓬松的状态。（图 3）

2. 将鸡蛋打散，少量多次地加入黄油当中，一边加入一边用电动手持打蛋器搅拌。（图 4）

3. 用电动手持打蛋器将蛋液与黄油搅拌均匀，直到蛋液和黄油完全融合为止。（图 5）

4. 将低筋面粉与泡打粉混合过筛，加入到打发的蛋液与黄油中，翻拌至无面粉、无颗粒的状态。（图 6）

5. 在面糊中加入柠檬汁，搅拌均匀。（图 7）

6. 将面糊装入裱花袋中，均匀地把面糊挤入烤盘中，放入烤箱，180 ℃烘烤 40 分钟。（图 8）

7. 成品制作完成后，迅速脱模，可防止蛋糕出现“收腰”现象。常温放置 12 小时，回油后的磅蛋糕口感会更好。

Tips

1. 如果想让磅蛋糕有均匀的裂口，只需在烤到 18 分钟左右时，拿一把小刀迅速地在磅蛋糕表面划一个口子即可。

2. 为了使黄油与蛋液更好地融合，鸡蛋一定要提前拿出来，放至室温再使用。

3. 烤制不同形状的磅蛋糕，只需用不同形状的烤盘即可。一般翻糖蛋糕胚都会选择磅蛋糕，因为磅蛋糕比较扎实，可以承受较重的翻糖。

流心泡芙

Cream Puff

泡芙因为在烤制成型后的形状像卷心菜，所以在法语里的名字是 Choux，是一款非常可爱的甜点，胖嘟嘟的外表再加上美味的口感，让每一个品尝过的人都会爱上它。

甜品原料

泡芙

无盐黄油 55 g
盐 2 g
水 60 mL
牛奶 60 mL
低筋面粉 70 g
鸡蛋 100 g
（图 1）

卡仕达酱

全脂牛奶 150 g
香草精 2 g
蛋黄 2 个
糖 28 g
玉米淀粉 18 g
（图 2）

甜品准备工作

1. 烤箱预热至 200 ℃。
2. 把鸡蛋提前从冰箱中拿出，恢复到室温。

操作步骤

泡芙

1. 将无盐黄油、全脂牛奶和盐放入锅中。（图 3）
2. 加热至沸腾的状态。（图 4）
3. 将锅离火，立即加入过筛的低筋面粉，进行快速搅拌。（图 5）
4. 将面团搅拌到看不到面粉的状态。使用中火进行二次加热，使面团糊化。锅底贴有一层薄膜状的面糊即可。（图 6）
5. 离火后，将全蛋液少量多次地加入面团中，每加入一次都与面团充分地搅拌均匀。（图 7）
6. 完全搅拌好的面团，用工具挑起时应呈倒三角的状态。（图 8）
7. 将泡芙面团装入裱花袋中，挤入铺好油纸的模具中，在泡芙表面喷洒水雾。放入预热好的烤箱中，以 200 ℃烘烤 20 分钟后，待泡芙定型，将温度调至 180 ℃继续烘烤 15 分钟左右，其间不可打开烤箱，避免泡芙塌陷。（图 9）

卡仕达酱

1. 在蛋黄中加入白砂糖，搅拌均匀，无须打发。（图 10）

2. 在蛋液中加入玉米淀粉。（图 11）

3. 将全脂牛奶加热至锅边缘出现小气泡，不用加热到完全冒泡沸腾。（图 12）

4. 将全脂牛奶少量多次地加入面糊中，每一次加入都充分搅拌均匀。完全搅拌均匀以后，再用中小火进行二次加热，在加热的同时需要不停地搅拌，到浓稠状态时离火。（图 13）

5. 加入香草精，搅拌均匀。（图 14）

6. 将做好的卡仕达酱平铺在烤盘内，并用保鲜膜贴面覆盖。降温后放入冰箱冷藏。

鲜奶油卡仕达酱（流心）制作

原料：

卡仕达酱　100 g
淡奶油　100 g
糖粉　15 g

制作方法：

1. 将卡仕达酱取出后，恢复到室温，用蛋抽搅拌到顺滑的状态。将淡奶油打发至浓稠酸奶状，再将两者混合，搅拌均匀即可。（图 15）

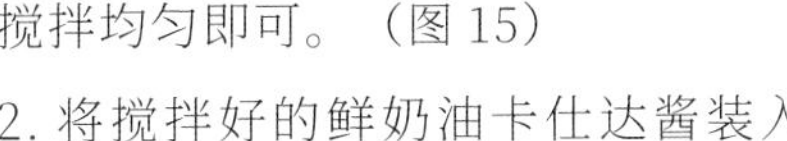

2. 将搅拌好的鲜奶油卡仕达酱装入裱花袋中，用泡芙裱花嘴挤入泡芙中。（图 16）

3. 在表面均匀地撒上防潮糖粉即可。（图 17）

Tips

泡芙：

1. 制作泡芙面团使用的鸡蛋必须是常温的鸡蛋，因为从冰箱里刚取出的鸡蛋会使面团快速降温。

2. 搅拌面团若没有耐高温的硅胶搅拌刀，最好使用木质勺来搅拌。

3. 在挤好的泡芙面团表面喷洒水雾，可以使泡芙面团膨胀得更大。

鲜奶油卡仕达酱：

淡奶油不需要完全打发，完全打发后的淡奶油和卡仕达酱在进行混合搅拌的时候容易出现油水分离的状态，所以只需要打发至浓稠酸奶的状态就可以了。

10	11	12	13
14	15	16	17

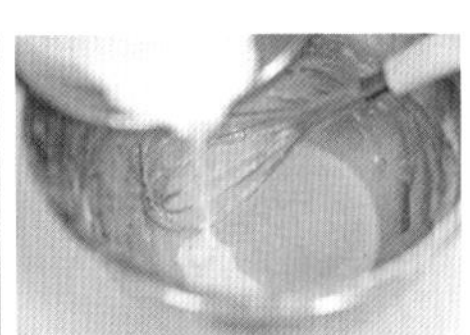

焦糖布蕾

Caramel Pudding

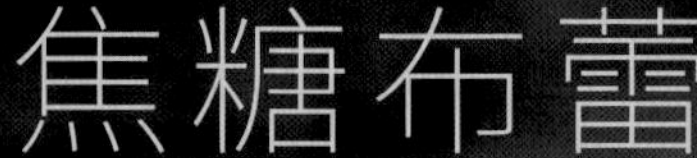

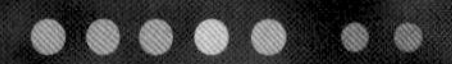

焦糖布蕾是一款利用鸡蛋的热凝固性来制作的冰冷甜品，无须使用任何其他的凝固剂（例如吉利丁片等），是老少皆宜的一款甜品，制作起来也非常简单，属于需要蒸烤的布丁类甜点。

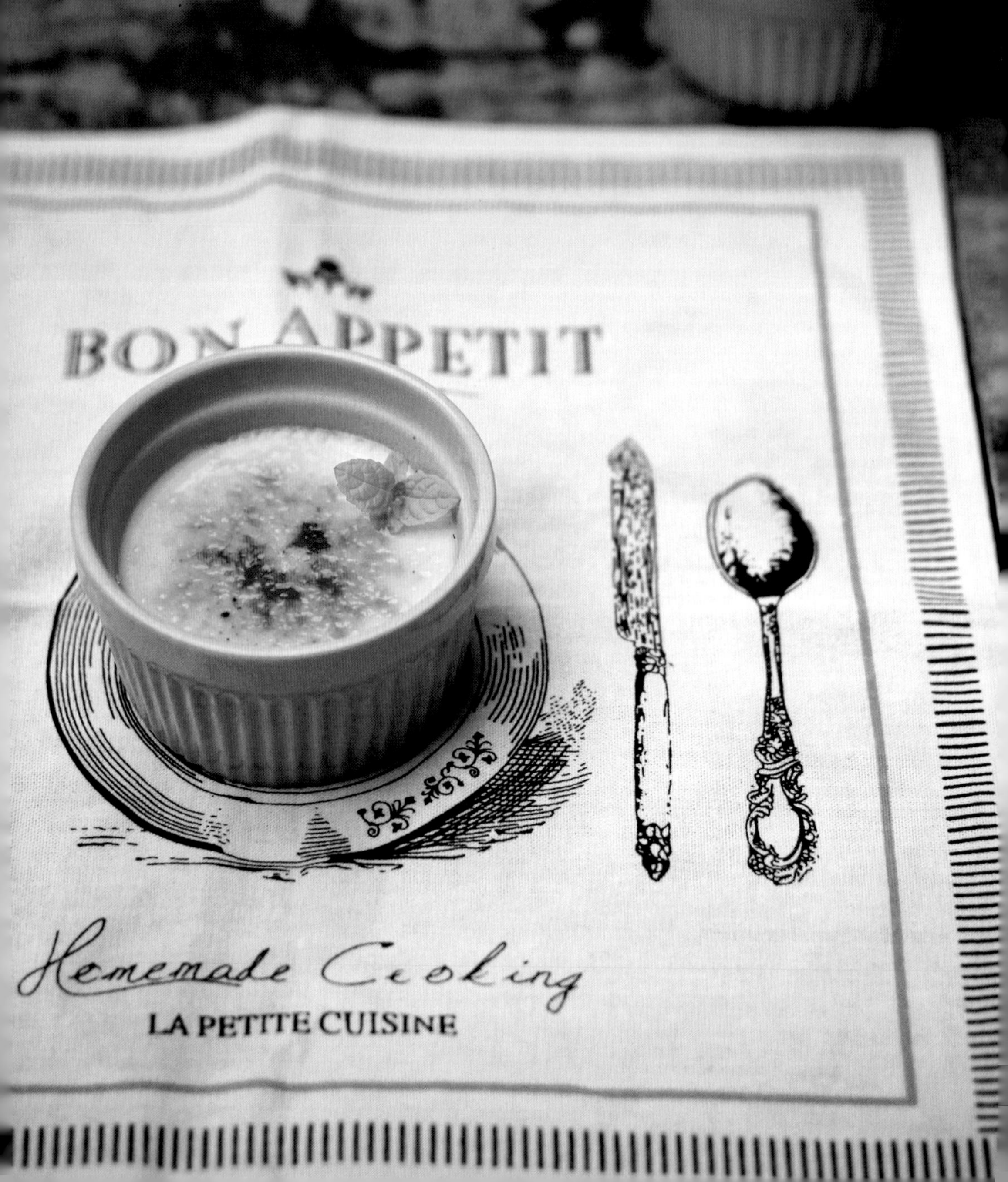

甜品原料

阿帕蕾蛋奶液:

全脂牛奶	60 mL
淡奶油	140 mL
蛋黄	3 个
白砂糖	25 g

(图 1)

焦糖	适量
粗粒砂糖	适量

甜品准备工作

1. 烤箱预热至 160 ℃。
2. 准备60 ℃左右的热水。

操作步骤

1. 将蛋黄与白砂糖搅拌均匀，无须打发。（图 2）
2. 把全脂牛奶与淡奶油混合，加热到冒白烟的状态即可。（图 3）
3. 将加热的牛奶与淡奶油冷却。（图 4）
4. 降温至 38 ℃左右。（图 5）
5. 将牛奶与淡奶油少量多次地加入蛋液当中，搅拌均匀。（图 6）
6. 将阿帕蕾蛋奶液过筛，倒入容器中。（图 7）
7. 在模具上覆盖锡纸。（图 8）
8. 将模具放入烤盘中，倒入至模具一半高度的热水。（图 9）

10

11

12

9. 放入预热好的烤箱中，150 ℃烘烤 30 分钟。（图 10）

10. 将凝结成固态的布丁取出晾凉后，放入冰箱 5 ℃冷藏。

11. 取出冷藏的布丁，在表面撒上粗粒白砂糖。（图 11）

12. 用喷火枪对粗砂糖进行加热，使表面的砂糖焦化。（图 12）

Tips

1. 不要将牛奶和淡奶油加热过度，否则容易出现蜂窝状的小气孔。

2. 使用陶瓷类模具做出的焦糖布蕾比使用金属类模具更细腻。

3. 制作好的布丁表面以及侧面，应该是光滑没有气孔的。入烤箱前，在表面喷洒适量酒精也可以减少气孔的产生。

巧克力甘纳许

Ganache

甘纳许是法语 Ganache 的音译，直译过来是巧克力酱。一般我们使用约 35% 的低脂淡奶油来制作甘纳许。

甜品原料

黑巧克力 100 g
淡奶油 100 g
（图 1）

操作步骤

1. 将淡奶油煮沸。（图 2）
2. 冲入巧克力中（如果是块状或者是硬币大小的巧克力，需要切碎再操作），静置一分钟再进行搅拌。（图 3）
3. 将降温至 30 ℃以下的甘纳许装入裱花袋中，进行淋面。

Tips

甘纳许的浓稠度可根据淡奶油与巧克力的比例来进行调节，巧克力加入得越多，甘纳许越浓稠。

甘纳许不仅可以用作滴落蛋糕的淋面酱，还可以当作蛋糕夹层的抹面酱，增加蛋糕风味。

唐·橘子
手工甜品

第五章

法式甜品烘焙

香杧芝士慕斯

这是一款综合慕斯，集合了饼底、库利、慕斯以及巴巴露亚，多层次、多口味的结合，让人品鉴后意犹未尽。

甜品原料

原味蛋糕胚

无盐黄油	40 g
全脂牛奶	45 g
低筋面粉	50 g
玉米淀粉	15 g
鸡蛋	17 g
蛋黄	35 g
蛋白	125 g
盐	1 g
白砂糖	60 g

（图 1）

杏桃库利

黄杏果茸	90 g
白砂糖	10 g
吉利丁片	2 g
君度酒	4 g

（图 2）

杧果慕斯

杧果果茸	100 g
白砂糖	25 g
吉利丁片	5 g
淡奶油	120 g

（图 3）

芝士巴巴露亚

全脂牛奶	145 g
香草荚	半根
白砂糖	50 g
蛋黄	50 g
吉利丁片	5 g
奶油奶酪	170 g
原味酸奶	35 g
淡奶油	280 g

（图 4）

1
2
3
4

甜品准备工作

1. 取一根云呢拿（VANILLA）豆荚。（图 5）
2. 从中间剖开豆荚。（图 6、图 7）
3. 用刀尖取出豆荚籽。（图 8）

5 6
7 8

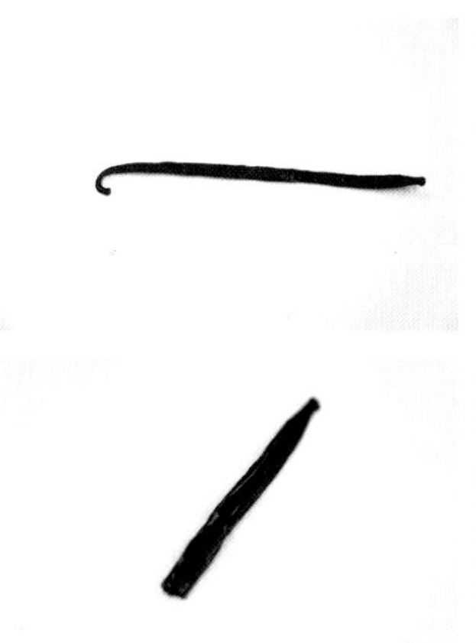

9

4. 将豆荚及豆荚籽放入全脂牛奶中，加热至沸腾。（图 9）

Tips:

烤蛋糕胚前，将烤箱预热至 170 ℃。

制作库利、慕斯以及巴巴露亚之前先将吉利丁用冰水浸泡至软化。

操作步骤

原味蛋糕胚

1. 将全脂牛奶及无盐黄油一起加热至无盐黄油融化。（图 10）

2. 冷却到 40℃以下，但不低于 35 ℃。（图 11）

3. 将低筋面粉与玉米淀粉混合过筛。（图 12）

4. 将无盐黄油与全脂牛奶加入粉类中，搅拌均匀。（图 13）

5. 将鸡蛋加入面糊中，搅拌均匀。（图 14）

6. 将盐加入蛋白中，白砂糖分 3 次加入蛋白中。（图 15）

7. 将蛋白打发。（图 16）

8. 分 3 次将蛋白加入面糊中，用切拌的手法将蛋白与面糊混合均匀。（图 17）

10	11	12	13
14	15	16	17

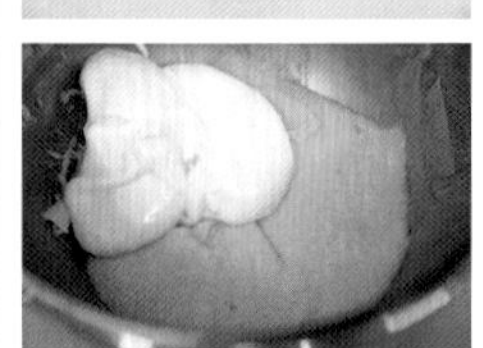

18 | 19 | 20

9. 将面糊倒入烤盘中，170 ℃烤制 25 分钟左右。（图 18）

10. 烤好后，脱模冷却，用模具切下需要的形状。（图 19）

11. 用锡纸将模具包裹好，将蛋糕胚放入模具中。（图 20）

杧果慕斯

1. 将杧果果茸与白砂糖一起加热至 70 ℃。（图 21）

2. 加入软化的吉利丁片，搅拌至溶解，离火。（图 22）

3. 隔冰水快速降温至 20 ℃。（图 23）

4. 淡奶油打发至六成。（图 24）

5. 将杧果溶液加入淡奶油中，用切拌的手法搅拌均匀。（图 25）

6. 将杧果慕斯倒入模具中，放入冰箱冷冻至结皮。（图 26）

21 | 22 | 23
24 | 25 | 26

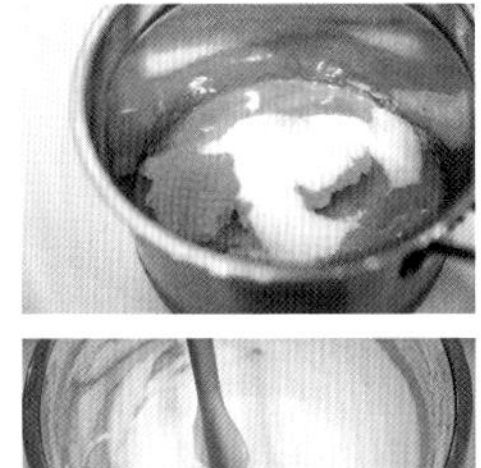

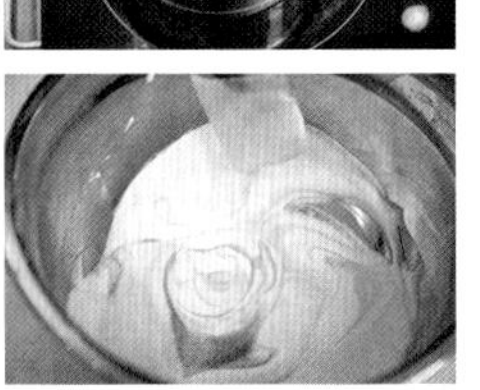

27 28 29
30 31 32

杏桃库利

1. 将黄杏果茸和白砂糖一起加热至 70℃。（图 27）

2. 将软化的吉利丁片加入果茸中，搅拌至吉利丁片溶解。（图 28）

3. 冷却至 35 ℃。（图 29）

4. 加入君度酒。（图 30）

5. 倒入已经冷冻至结皮的杧果慕斯上。（图 31）

6. 快速轻震模具，放入冰箱冷冻至硬。（图 32）

芝士巴巴露亚

1. 将全脂牛奶煮沸。（图 33）

2. 鸡蛋和白砂糖一起搅拌均匀，不需要打发。（图 34）

3. 将全脂牛奶少量多次地冲入到鸡蛋中。（图 35）

33 34 35

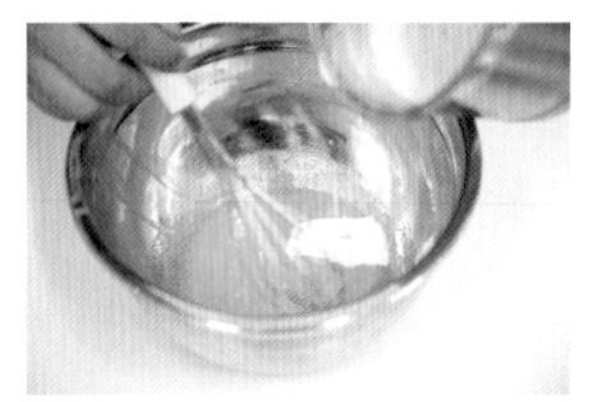

36	37	38	39
40	41	42	43

4. 再继续放回火上进行加热，加热温度不超过 85 ℃。（图 36）

5. 离火后，加入吉利丁片，搅拌均匀。（图 37）

6. 隔冰水进行快速降温。（图 38）

7. 隔温水将奶油奶酪与原味酸奶一起搅拌至顺滑状态。（图 39）

8. 加入制作好的英式奶酱。（图 40）

9. 搅拌均匀。（图 41）

10. 将淡奶油打发至六成。（图 42）

11. 将淡奶油加入 9 中。（图 43）

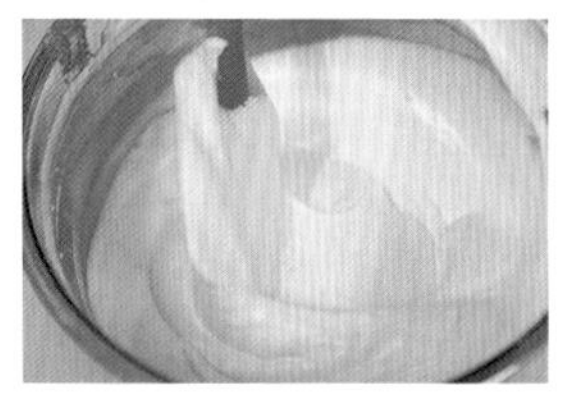

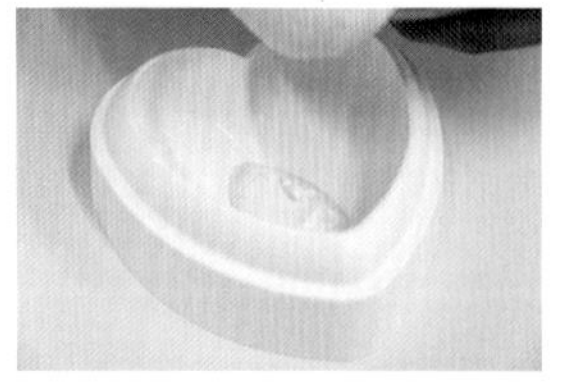

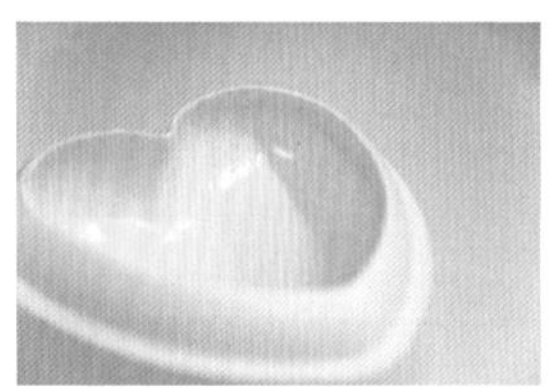

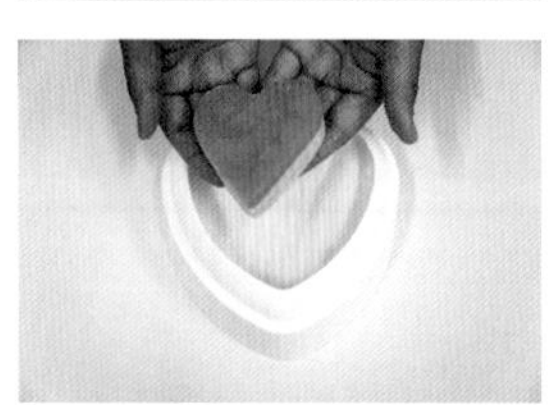

44	51
45	52
46	
47	
48	
49	
50	

12. 将两者搅拌均匀。（图 44）

13. 倒入硅胶模具中。（图 45）

14. 将慕斯糊均匀地挂在模具上，然后放入冰箱冷冻，重复此操作 3 次，使模具上均匀地挂上慕斯糊。（图 46、47）

15. 挂好慕斯糊的模具和做好的夹心。（图 48）

16. 将夹心取出，蛋糕底向下放入模具中。（图 49）

17. 将剩余的慕斯糊装入裱花袋中，挤入模具空隙。（图 50）

18. 在表面覆盖一层蛋糕胚。放入冰箱进行冷冻。（图 51）

19. 冷冻至坚硬脱模，可进行喷砂或者淋面装饰。（图 52）

慕斯淋面技巧

甜品原料

水 1	75 g
白砂糖	150 g
葡萄糖	150 g
炼奶	100 g
吉利丁片	10 g
水 2	60 g
白巧克力	100 g
色淀（油溶性色素）	适量

（图 1）

甜品准备工作

用配方中的水 2 将吉利丁片泡软。

操作步骤

1. 将水 1、白砂糖、葡萄糖一起加热至 115 ℃。（图 2、图 3）

2. 离火后，加入炼奶搅拌均匀。（图 4）

3. 加入泡好的吉利丁片。（图 5）

4. 加入白巧克力。（图 6）

5. 加入色淀，用均质搅拌棒搅拌均匀。（图 7）

6. 做好的淋面酱用保鲜膜贴面覆盖，放至冰箱，5 ℃放置 4 个小时以上。

7. 把淋面酱从冰箱取出后，隔热水回温至 40 ℃。准备一个网架和一个口径较大的容器。将慕斯从冷冻室取出，立即浇上淋面酱即可。（图 8、图 9、图 10、图 11）

8. 淋好面的慕斯可用少量可食用金箔进行装饰。（图 12）

1	2	3	4
5	6	7	8
9	10	11	12

慕斯喷砂技巧

喷砂是慕斯装饰中常用的手法，需要用到喷砂机。

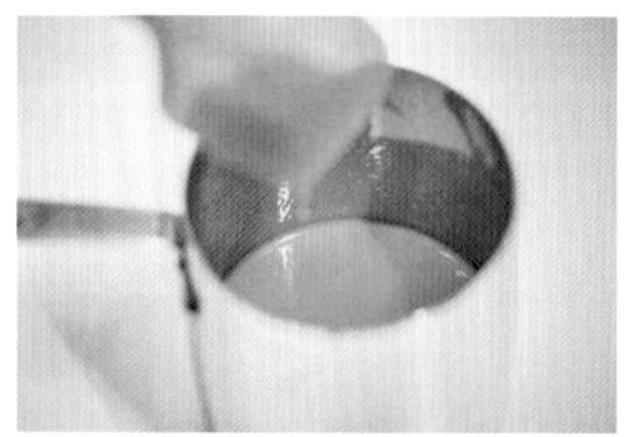

1

2

3

4

5

6

甜品原料

可可脂	100 g
白巧克力	100 g
油性色素	适量，根据自己想要的颜色深浅来调节

（图 1）

操作步骤

1. 将可可脂和白巧克力分别融化。（图 2）

2. 将可可脂和白巧克力按照 1 ∶ 1 的比例混合均匀，并加入油溶性色素。（图 3）

3. 将喷砂溶液装入喷砂壶内，喷砂溶液温度应在 35 ℃左右。（图 4）

4. 取出冷冻至硬的慕斯，用喷枪进行喷砂，距离 15 厘米左右。（图 5）

5. 喷好砂的慕斯可用翻糖、巧克力插件等进行装饰。（图 6）

工具介绍

喷砂机

巧克力喷砂机，使用后应清洗干净，加入无色无味的色拉油进行空喷保养。

防雾喷箱

由于喷砂过程中会产生大量的巧克力雾状颗粒，所以需要用喷箱避免喷雾四散。若没有防雾喷箱，可用稍大的纸箱代替。

少女冰激淋

每个人内心里都住着一个少女。不管到了什么年龄，我们都有似少女般想要吃雪糕的念头，那么我们就来做一款少女感满满的双色、多层冰激淋吧。

甜品原料

覆盆子冰激淋

覆盆子果茸	100 g
淡奶油	96 g
吉利丁片	5 g
白砂糖	20 g

（图 1）

英式奶酱

全脂牛奶	90 g
鸡蛋	20 g
砂糖	25 g
吉利丁片	3 g
淡奶油	90 g
樱桃白兰地	10 g

（图 2）

甜品准备工作

吉利丁片用冰水软化。

1

2

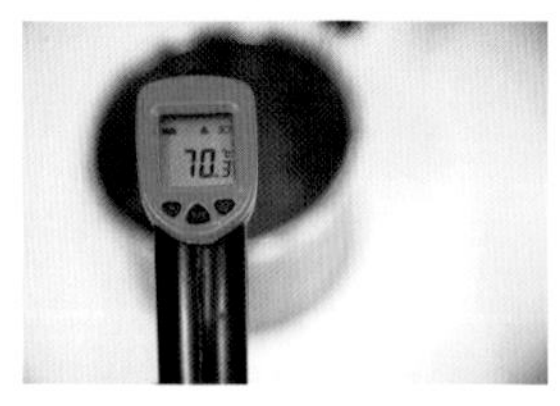

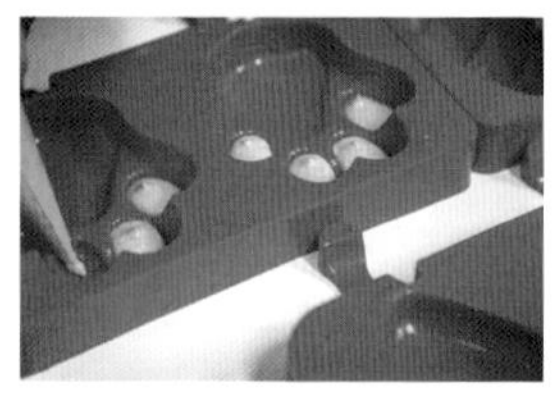

3	10
4	11
5	
6	
7	
8	
9	

操作步骤

覆盆子冰激淋慕斯

1. 取出覆盆子果茸，和白砂糖一起进行加热。（图 3）

2. 加热到 70 ℃离火。（图 4）

3. 加入泡到软化的吉利丁片，搅拌到吉利丁片融化。（图 5）

4. 隔冰水快速降温。（图 6）

5. 待果茸冷却到 20 ℃，加入打发到六成的淡奶油，搅拌均匀。（图 7）

6. 以切拌的手法进行搅拌。（图 8）

7. 将做好的覆盆子慕斯装入裱花袋中，挤入模具内，然后连同模具一起放入冰箱冷冻。（图 9）

英式奶酱

1. 将全脂牛奶加热至沸腾。（图 10）

2. 将鸡蛋打散。（图 11）

3. 将白砂糖加入鸡蛋中搅拌均匀，不需要打发。（图 12）

4. 将煮沸的牛奶趁热少量多次地冲入鸡蛋中。（图 13）

5. 再继续放回火上进行加热，加热温度不超过 85 ℃。（图 14）

6. 离火后，加入吉利丁片，搅拌均匀。（图 15）

7. 隔冰水进行快速降温。（图 16）

8. 温度降至 36 ℃之后，加入樱桃白兰地。（图 17）

9. 温度降至 20 ℃之后，加入打发至六成的淡奶油，用切拌的手法搅拌均匀。（图 18）

10. 将做好的英式奶酱和覆盆子冰激淋慕斯分别装入裱花袋中，挤入模具内，放入冰箱冷冻至完全冻硬脱模即可。（图 19）

Tips

可以用不同口味的果泥制作不同颜色的水果冰激淋慕斯，搭配英式奶酱，回味悠长。当然，你也可以用这个方法制作法式慕斯，然后再给它进行喷砂或淋面装饰。

12	13	14	15
16	17	18	19

法式软糖

一般我们在制作法式软糖时会加入大量的砂糖，所以选择酸味比较浓郁的果茸来制作更能平衡和凸显风味。

甜品原料

草莓果茸	500 g
白砂糖	420 g
麦芽糖	70 g
柠檬酸溶液	5 mL
果胶粉（HM）	15 g

（图 1、图 2）

甜品准备工作

制作柠檬酸溶液

温水与柠檬酸按照 1 ∶ 1 的比例来制作。用温水将柠檬酸溶解，制作成柠檬酸溶液即可使用。（图 3）

操作步骤

1. 将麦芽糖加入草莓果茸中进行加热。（图 4）

2. 加热至沸腾后，用配方中的 50 g 砂糖与果胶粉（NH）混合均匀后，加入草莓果茸中并快速搅拌。（图 5）

3. 余下的配方中的砂糖分 4 次添加至草莓果茸中，每添加一次，待完全沸腾后再加下一次，如此反复至砂糖完全添加进果茸中。继续加热 2 分钟，离火。加入柠檬酸溶液，快速搅拌均匀。（图 6）

4. 做好后的软糖溶液可贴附在刮刀上。（图 7）

5. 将软糖溶液装入裱花袋中，挤入硅胶模具内，待其凝固后脱模。脱模后撒上粗粒砂糖，既可防潮又可以装饰软糖，一举两得。（图 8）

Tips

1. 取麦芽糖时，可先将手指沾湿再取。

2. 加入了柠檬酸溶液之后，会加速溶液的凝固，所以要尽量快速操作。也可以将油布铺在方形烤盘里，将溶液倒入方形烤盘中，凝固成型后，再进行切割。

1	2	3	4
5	6	7	8

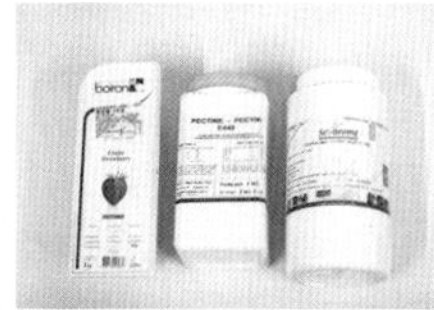

玛德琳

玛德琳是法国洛林地区的甜品。

甜品原料

鸡蛋	100 g
白砂糖	100 g
柠檬皮屑	1 个
低筋面粉	100 g
泡打粉	4 g
无盐黄油	100 g

（图 1）

1	6
2	7
3	8
4	9
5	10

甜品准备工作

1. 在烤盘上涂满黄油，然后撒上一层面粉，放入冰箱中冷冻 1 小时。（图 2）

2. 取柠檬皮屑与白砂糖腌 1 小时。（图 3）

操作步骤

1. 将鸡蛋、白砂糖、柠檬皮屑一起搅拌均匀，不需要打发。（图 4、图 5）

2. 将低筋面粉与泡打粉混合过筛，加入 1 中，搅拌均匀。（图 6）

3. 将融化的黄油少量多次地加入到面糊当中，每次都搅拌均匀。（图 7）

4. 将面糊盖上保鲜膜，放入冰箱冷藏 1 小时，使面团熟化。（图 8）

5. 拿出面糊，恢复至室温，搅拌均匀。（图 9）

6. 将面糊装入裱花袋中，挤入模具 7 分满，175 ℃烤制 15 分钟。烤好后，立即脱模。成品玛德琳可以蘸取少量甘纳许进行装饰调味。（图 10）

后记

最近都在说自己的前半生。我三十多岁了，确实也到了可以总结一下的年纪。我的前半生过得还算舒服，有房、有车、有属于自己的事业，还有一群志同道合的朋友。

以前，我从来没有认真感激过我的这些朋友。周毅，在我初入行时，他就已经是“糖王”，也是圈子里公认的“男神”和国内首屈一指的大师。我给他打了一个求助电话，他居然就在“唐•橘子”开课了。要知道他有自己的培训学校和公司，每天都忙到一个人恨不得当两个人用，但他居然为了帮我，在我这里开课了，慕名而来的学生络绎不绝。我出书，他连夜帮我写序，整理人偶资料……有了“糖王”的助攻，我在翻糖路上一直非常顺利，即使是自己的亲哥也不过如此。甜恬，自己打车，拖着两个大行李箱的烘焙工具和原材料跑来授课。韩式豆沙裱花老师时语，只是在几年前一起上过一天课、吃过一碗面，在当时看来就是萍水之交的朋友，后来在我最茫然无助的时候主动联系我，和我合作了韩式豆沙裱花课程，现在我们的韩式豆沙裱花课程在业界口碑极好。食摄名师马也，我拍照时用的很多镜头都是马老师亲自送过来的，那么贵的东西还那么放心地交给我，这份信任比什么都珍贵。我拍不好照片，跑去找马老师帮忙拍，马老师总是放下手里的活先帮我……我的助理们，把教室的内务收拾得妥妥当当，让我不用分心地沉浸在我的甜品世界里。

一个小小的"唐•橘子"，能汇集这么多国内的行业佼佼者，我在做梦的时候都会笑出声。大恩不言谢，你们对我的好，我会永远记在心头。我的前半生幸有你们陪伴，我的后半生，我的事业有你们才完整。

山河不足重，重在遇知己。

最后希望这本书可以开启属于你的甜品人生，希望所有爱甜品的人都能从这本书中受益。

你好，甜品！

杜超晶

2018年2月25日

获得更多咨讯，请关注新浪微博@唐·橘子翻糖培训